普通高等院校计算机基础教育"十三五"规划教材

Java程序设计基础

罗恩韬　李　文　扈乐华　主　编

黄丽韶　郭力勇　杜　敏
　　　　段华斌　黄伟国　副主编

U0310893

中国铁道出版社
CHINA RAILWAY PUBLISHING HOUSE

内 容 简 介

本书使用开发环境是 JDK 1.8+Eclipse 4.7，主要针对 Java 语言开发初学者，重点讲解 Java 语言的基础知识。全书共 10 章，主要介绍 Java 基本语法知识，控制语句，方法，数组与字符串，类和对象，封装、继承和多态，抽象类和接口，异常处理机制，GUI 编程。内容由浅入深，并辅以实例说明，逐步引领读者学习 Java 语言程序设计的各个知识点。

本书适合作为普通高等院校 Java 程序设计课程的教材，也可作为 Java 入门者的参考用书。

图书在版编目（CIP）数据

Java 程序设计基础/罗恩韬，李文，扈乐华主编. — 北京：中国铁道出版社，2017.9

普通高等院校计算机基础教育"十三五"规划教材

ISBN 978-7-113-23598-7

Ⅰ.①J… Ⅱ.①罗… ②李… ③扈… Ⅲ.①JAVA 语言-程序设计-高等学校-教材 Ⅳ.①TP312.8

中国版本图书馆 CIP 数据核字(2017)第 215317 号

书　　名：	Java 程序设计基础
作　　者：	罗恩韬 李 文 扈乐华 主编

策　　划：包 宁		读者热线：（010）63550836
责任编辑：刘丽丽　徐盼欣		
封面设计：刘 颖		
责任校对：张玉华		
责任印制：郭向伟		

出版发行：中国铁道出版社（100054，北京市西城区右安门西街 8 号）

网　　址：http://www.tdpress.com/51eds/

印　　刷：三河市宏盛印务有限公司

版　　次：2017 年 9 月第 1 版　　　　2017 年 9 月第 1 次印刷

开　　本：787 mm×1 092 mm　1/16　**印张**：13.75　**字数**：328 千

书　　号：ISBN 978-7-113-23598-7

定　　价：38.00 元

>> 前 言

Java 是当今最为流行的程序开发语言之一，具有与平台无关、简单高效、多线程、安全和健壮等特点，广泛应用于企业级 Web 应用开发和移动应用开发。

要学好程序设计，首先要有兴趣。本书在结构上作了精心安排，以知识点和具体实例相结合的方式介绍所有内容。在对细节的逐步深入过程中，通过对问题的求解提升读者的学习兴趣。

本书在对知识点进行分析和归纳的同时，对引例作扩展或改变，逐步形成更全面、复杂的实例，让读者通过对比加强对概念的理解，从而达到举一反三的学习效果。考虑到知识的连贯性，各章节会在内容和实例上有所联系，以涵盖各知识点并拓宽读者思路。

本书的编写目的在于，进一步深化读者对基本概念的理解，提高读者综合应用能力，使读者在掌握 Java 面向对象程序设计核心理论与编程思想、技巧的同时，养成良好的编程习惯。本书所配备的例题清晰直观、循序渐进，并通过通俗易懂且逻辑性强的讲解巩固知识点。

本书编者长期从事教学工作，积累了丰富的经验，其"实战教学法"取得了很好的效果。本书具有以下特点：

1．注重基础性

本书内容注重基础性，深入浅出，并在每章后面安排了大量的习题，帮助学生学习每一个知识点。

2．兼顾流行性

本书讲解的是 Java 开发过程中最流行的方法，可培养学生良好的编程风格和编程习惯。

3．适合教学

书中每章内容安排适当，符合教学要求，教师可以根据具体情况选用，也可以进行适当增减。

本书共分 10 章：第 1 章为 Java 概述，介绍 Java 的基本知识（包括 Java 发展历史，Java 的特点和基本原理）；第 2 章为 Java 基本语法知识，重点介绍标识符及关键词、数据类型、常量与变量，以及运算符与表达式；第 3 章为 Java 控制语句，介绍 Java 的三大基本结构化程序；第 4 章为方法，重点介绍方法的基本概念，包括方法声明、方法调用、参数传递、方法重载、局部变量和包；第 5 章为数组与字符串，首先介绍数组的基本概念，包括一维数组和二维数组，其次介绍字符串相关类；第 6 章为类和对象，主要介绍类和对象的基本概念；第 7 章为封装、继承和多态，介绍封装、继承和多态三大特征之间的概念以及联系；第 8 章为抽象类和接口，重点介绍抽象类和接口的特点以及主要作用，应灵活掌握其在程序中的使用；第 9 章为 Java 异常处理机制，重点介绍异常处理机制的基本原理、异常处理的过程，以及异常处理的三种方式，最后介绍自定义异常的实现；第 10 章为 GUI 编程，重点介绍图形用户界面编程，利用编程人员对图形用户界面编程的兴趣，将前面 9 章的内容结合起来，将所有内容融合成一个实例。

本书由罗恩韬、李文、扈乐华任主编，黄丽韶、郭力勇、杜敏、段华斌、黄伟国任副主编。具体编写分工如下：第 1、2 章由李文编写，第 3、4 章由罗恩韬编写，第 5 章由黄丽韶编写，第 6 章由扈乐华编写，第 7 章由郭力勇编写，第 8 章由杜敏编写，第 9 章由段华斌编写，第 10 章由黄伟国编写。全书由罗恩韬、李文、扈乐华统稿。本书在编写过程中参阅了许多优秀的同类教材以及网上资料，在此向其作者表示衷心的感谢。

由于时间仓促和编者水平有限，书中疏漏和不妥之处在所难免，敬请读者批评指正。

编　者
2017 年 7 月

目　录

第1章　Java概述

Java 是 20 世纪 90 年代出现的完全面向对象的程序设计语言,体现了计算机编程的新方法、新思想。本章首先介绍面向对象程序设计的基本概念、特点和基本思想;然后介绍面向对象的 Java 程序设计语言的发展概况、特点、运行机制和运行环境;最后简单介绍 Java 集成编程工具 Eclipse。

1.1　Java 简介

Java 是美国 Sun 公司(已于 2009 年被 Oracle 公司收购)研制的一种程序设计语言。在高级语言已经非常丰富的背景下,Java 脱颖而出,独树一帜,在瑞士 TIOBE 公司每月发布的程序开发语言排行榜中,Java 连续多年名列榜首,说明了人们对 Java 的喜爱程度。

1.1.1　Java 的历史

1994 年,美国 Sun 公司成立了 Green 项目开发小组,旨在研制一种能对家用电器进行控制和通信的分布式代码系统,当时这套系统被命名为 Oak,这就是 Java 的前身。

1994 年前后,正是 Internet 特别是 Web 的大发展时期,Sun 公司的研究人员发现 Oak 的许多特性更适合网络编程,于是在这方面进行了一系列改进和完善,并获得了成功。 1995 年初,Sun 公司要给这种语言申请注册商标,由于 Oak 已经被人注册,必须要为这种语言找到一个新的名字。在公司召开的命名征集会上,Mark Opperman 提出 Java 这个名字。据说,Mark Opperman 是因品尝咖啡时得到灵感的。Java 是印度尼西亚爪哇岛的英文名称,该岛因盛产高质量的咖啡而闻名,常被用来当做优质咖啡的代名词。Mark Opperman 的这个提议,得到了所有人的认可和律师的通过,Sun 公司用 Java 这个名字进行了注册,并以一杯热气腾腾的咖啡作为标志,Java 由此诞生。

Java 从诞生到今天,不断进行改进和更新。其发展历程大致可以分成以下几个阶段。

1. 诞生期——Java 1.0 和 Java 1.1

Java 1.0 的出现是为了帮助开发人员建立运行环境并提供开发工具。1996 年 1 月 23 日,Sun 公司发布了第一个 Java 开发工具 JDK 1.0,JDK(Java Development Kit),JDK 1.0 由运行环境(Java Runtime Enviroment, JRE)及开发工具(即 JDK)组成,其中运行环境又包括 Java 虚拟机(Java Virtual Machine, JVM)、API(Application Programming Interface, 应用程序接口)和发布技术。1997 年, Sun 公司对 1.0 版本进行了较大的改进,推出了 JDK 1.1 版本,其中增加了 JIT

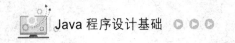

（Just-In-Time）编译器。

2. 发展期——Java 1.2 和 Java 1.3

1998 年 12 月，Java 1.0 诞生近三年后，Sun 公司推出 Java 1.2，并将其改名为 Java2，且把 Java 1.2 以后的版本统称为 Java2，同时将 JDK 1.2 改名为 J2SDK（SDK 的全称为 Software Development Kit，意为软件开发工具），从此 Java 进入了快速发展的阶段。1999 年，Sun 公司发布 Java 的三个版本：标准版（Java2 Standard Edition，J2SE）、企业版（Java2 Enterprise Edition，J2EE）和微型版（Java2 Micro Edition，J2ME），以适应不同的应用开发要求。2000 年，JDK 1.3 发布。Java 1.3 在 Java 1.2 取得成功的基础上进行了一些改进，主要是对 API 做了改进和扩展。

3. 成熟期——Java 1.4、Java 1.5 和 Java 1.6

自 Java2 平台开始，Java 的发展日趋成熟稳定，此后的 Java 1.4、Java 1.5 和 Java 1.6 主要在分布式、稳定性、可伸缩性、安全性和管理方面进行了改进和提高。Java 1.4 比 Java 1.3 的运行效率提高了一倍。而从 Java 1.5 版本开始，Java 1.5 改名为 Java 5.0，J2SE 1.5 改名为 J2SE 5.0，更好地反映出了 J2SE 的成熟度和稳定性；Java 1.6（J2SE 6.0）则更强调管理的易用性，为外部管理软件提供更多的交互信息，并更好地集成了图形化用户界面。从 2004 年开始，为了更加突出 Java 本身，而不是 Java 的某个版本编号，Java 的三个版本陆续更名，去掉其中的编号 2，J2SE、J2EE、J2ME 更名为 Java SE、Java EE 和 Java ME。

经过不断完善和发展，Java 已经得到业界的广泛认可，主要体现在工业界认可、软件开发商青睐和编程人员欢迎等几方面。

① 工业界认可。目前绝大部分计算机企业（包括 IBM、Apple、DEC、Adobe、Silicon Graphics、HP、Oracle、Toshiba 以及 Microsoft 等公司）都购买了 Java 的许可证，用 Java 开发相应的产品。这说明 Java 已得到了工业界的认可。

② 软件开发商青睐，除购买 Java 许可证，用 Java 开发新产品以外，众多的软件厂商还在自己已有的产品上增加 Java 接口，以使自己的产品支持 Java 的应用。例如 Oracle、Sybase，Versant 等数据库厂商开发了 CGI 接口，使得这些数据库支持 Java 开发。

③ 编程人员欢迎。Java 的一个重要特点是其网络编程能力，因而成为网络时代编程人员最欢迎的程序设计语言之一，各行业对掌握 Java 的人员需求量也非常大。

上述事实说明，Java 是一种得到广泛应用并有很好发展前景的程序设计语言。

1.1.2 Java 的特点

Java 之所以能够受到如此众多的好评并拥有如此迅猛的发展速度，与其本身的特点是分不开的。Java 的主要特点如下：

1. 面向对象设计

面向对象设计是 Java 的标志特性。作为一种纯粹的面向对象程序设计语言，Java 不再支持面向过程的设计方法，而是从面向对象的角度思考和设计程序。Java 通过创建类和对象来描述和解决问题，支持封装、继承、重载、多态等面向对象特性，提高了程序的可重用性和可维护性。

2. 简单易用

Java 最初的产生源于对家用电器的控制，其设计以简单易用、规模小为原则。一方面，Java 的语法非常简单，它不再使用其他高级程序设计语言中诸如指针运算、结构、联合、多维数组、内存管理等复杂的语言现象，降低了程序编写的难度；另一方面，Java 提供了极为丰富的类库，封装了各种常用的功能，程序设计人员无须对这些常用的功能自行编写程序，只要直接调用即可，尽可能降低了程序设计人员的工作量。

3. 平台无关性

Java 的平台无关性主要体现在三方面。首先，Java 运行环境是 Java 虚拟机，Java 虚拟机负责解释编译后的 Java 代码并将其转换成特定系统的机器码，再由机器加以执行。Java 虚拟机屏蔽了具体平台的差异性，用 Java 编写的应用程序无须重新编译就可以在不同平台的 Java 虚拟机上运行，实现了平台无关性。其次，Java 的数据类型被设计成不依赖于具体机器。例如，整数总是 32 位，长整数总是 64 位。这样，Java 基本数据类型及其运算在任何平台上都是一致的，不会因平台的变化而改变。第三，Java 核心类库与平台无关，对类库的调用，不会影响 Java 的跨平台性。

4. 安全性和健壮性

Java 去除了指针和内存管理等易出错的操作，在程序设计上增强了安全性。而且，Java 作为网络开发语言，提供了多层保护机制增强安全性，例如，不允许 Applet 运行和读/写任何浏览器端机器上的程序等。此外，Java 注重尽早发现错误。Java 编译器可以检查出很多开发早期的错误，增强了程序设计的安全性和健壮性。

5. 性能优异

Java 可以在运行时直接将目标代码翻译成机器指令，充分地利用硬件平台资源，从而可以得到较高的整体性能。另外，与 Java 有关的厂商在不断完善 Java 的 JIT 编译器技术，旨在提高 Java 的运行速度。从基准测试来看，Java 的运行速度超过了典型的脚本语言，越来越接近 C 和 C++。

6. 分布式

分布式是指在由网络相连的不同平台上，可以在独立运行时间内运行不同程序。Java 作为一种强大的网络开发语言，其能力主要体现在开发分布式网络应用。Java 语言本身的特点很适合开发基于 Internet 的分布式应用程序，并且提供了完备的适应分布式应用的程序库。Java 支持 TCP/IP 协议及其他协议，可以通过 URL（Uniform Resource Locator，统一资源定位符）实现对网络上其他对象的访问，实现分布式应用。

7. 多线程

Java 支持多线程，允许在程序中并发地执行多个指令流或程序片段，以更好地利用系统资源，提高程序的运行效率。Java 不仅支持多线程，而且对线程划分了优先级，以更好地支持系统的交互和实时响应能力。此外，Java 具备线程同步功能，确保了计算结果的可预测性，有助于对程序进行更好的控制。

1.1.3 Java 运行基本原理

Java 程序的运行机制与 C/C++等程序设计语言有较大的差别，这种差别也是保证 Java 具有更强动态性和平台无关性的基础。概括来说，Java 的运行有三个步骤：编写、编译和运行。

① 编写是指利用编辑器生成 Java 程序代码，形成 Java 源文件。Java 程序以.java 为扩展名。一个 Java 应用程序中可能会包括多个 Java 的类，这些类可以放在同一个 Java 源文件中，也可以为每一个类分别编写一个源文件。

② 编译是指 Java 编译器将编辑好的 Java 源程序转换成 JVM 可以识别的字节码的过程。字节码是一种独立于操作系统和机器平台的中间代码，用二进制形式表示，由 JVM 解释后才能在机器上运行。编译成功后，Java 编译器生成扩展名为.class 的字节码文件。如果一个 Java 源程序中包含了多个类，编译后会生成多个对应的.class 文件。

③ 运行是指 JVM 将编译生成的.class 字节码文件翻译为与硬件环境及操作系统匹配的代码，并运行和显示结果。JVM 可以将 Java 字节码程序和具体的操作系统及硬件区分开，而不用考虑程序文件要在何种平台上运行，从而保证了 Java 语言的平台无关性和动态性。

图 1-1 所示是 Java 程序编写、编译和运行的过程。

图 1-1　Java 程序编写、编译和运行的过程

1.1.4 Java 程序的类型

Java 支持开发 4 种基本类型的程序，分别是 Java 应用程序（Java Application）、Java 小应用程序（Java Applet）、服务器端小程序（Java Servlet）以及可重用 Java 组件 JavaBean。这 4 种类型的 Java 程序都遵循 Java 的基本编程结构，并且都要在 Java 虚拟机上运行，它们的表现形式都是 Java 的类。

1. Java 应用程序

Java 应用程序是指完整的、可以独立运行的 Java 程序。一个 Java 应用程序由一个或多个类组成。Java 应用程序经过编译之后，可在 Java 虚拟机上独立运行，完成一定的功能。在组成 Java 应用程序的类中，必须有一个类中包含有 main()方法（或称 main()函数），该方法是 Java 的内置方法，作用是提供 Java 应用程序的入口。Java 虚拟机从 main()方法开始执行 Java 应用程序。包含 main()方法的类称为 Java 应用程序的主类（简称主类）。在编写 Java 源程序时，如果将 Java 应用程序所包含的多个类同时写在一个文件中,则该文件名必须和主类的类名保持一致，并以.java 为扩展名。如果将不同的类分别写在不同的文件中，通常将源文件命名为与其包含的类名相同，并以.java 为扩展名。

2. Java 小应用程序

Java 小应用程序简称 Applet，是一种嵌在 HTML 页中由 Web 浏览器激活 Java 虚拟机来运行的程序。也就是说，Applet 本身不能独立运行，必须以 Web 浏览器为其容器才能运行，因此，可以简单地将 Applet 理解成由 Web 浏览器来执行的程序。Applet 部署在服务器端，当用户访问嵌入了 Applet 的网页时，相应的 Applet 被下载到客户端的机器上执行。Applet 通常用来在网页上实现与用户的交互功能或者实现动态的多媒体效果，使得网页更具活力。能够执行 Applet 的浏览器必须支持 Java。

3. 服务器端小程序

服务器端小程序简称 Servlet，是一种用 Java 编写的服务器端程序。Servlet 以 Web 服务器为容器，靠 Web 服务器来加载和运行。和 Applet 一样，Servlet 本身不能独立运行；但与 Applet 不同的是，Applet 在客户端运行，Servlet 在服务器端运行。Servlet 的作用是接收、处理客户端的请求并将响应发送到客户端，从而实现客户端计算机与服务器端计算机之间的交互。利用 Servlet 技术，可以扩展 Web 服务器能力，充分利用 Web 服务器上的资源（如文件、数据库、应用程序等）。能够执行 Servlet 的服务器必须支持 Java。

4. JavaBean

JavaBean 是一种用 Java 编写的可重用的软件组件，目前尚没有统一的中文译名。JavaBean 本身不能独立运行，必须以 Java 应用程序、Applet、Servlet 或者 JavaBean 为容器才能运行。JavaBean 有两种类型，一种是可视化的 JavaBean，另一种是非可视化的 JavaBean。可视化的 JavaBean 具有图形界面，可以包括窗体、按钮、文本框、报表元素等。非可视化的 JavaBean 不包括图形界面，主要用来实现业务逻辑或封装业务对象。可视化的 Javabean 是 JavaBean 的传统应用，随着网络的兴起，非可视化的 JavaBean 应用越来越广泛，它与 JSP（Java Server Pages）技术相结合，成为当前开发 Web 应用的主流模式。

1.2　Java 中的 OOP

面向对象程序设计（Object-Oriented Programming，OOP）是计算机软件技术发展过程中的一个重大飞越，它能更好地适合软件开发在规模、复杂性、可靠性和质量、效率上的需求，因而被广泛应用，并逐渐成为当前的主流程序设计方法。

1.2.1　OOP 的基本思想

面向对象程序设计代表了一种全新的程序设计思路和表达、处理问题的方法。在解决问题的过程中，面向对象程序设计以问题中所涉及的各种对象为主要线索，关心的是对象以及对象之间的相互关系，以符合人们日常的思维习惯来求解问题，降低、分解了问题的难度和复杂性，提高了整个求解过程的可控性、可监测性和可维护性，从而能以较小的代价和较高的效率对问题进行求解。简言之，面向对象程序设计的特点是使用对象模型对客观世界进行抽象，分析出事物的本质特征，从而对问题进行求解。面向对象程序设计的思想认为世界是由各种各样具有各自运动规律和内部状态的对象组成的，不同对象之间的相互通信和作用构成了现实世界，因此，人们应当按照现实世界本来的面貌理解世界，直接通过对象及其相互关系来反映世界，这样建立起来的系统才符合世界本来的面貌，才会对现实世界的变化有很好的适应性。所以，面向对象方法强调程序系统的结构应当与现实世界的结构相对应，应当围绕现实世界中的对象来构造程序系统。

所谓对象，是指现实世界的实体或概念在计算机程序中的抽象表示。具体地说，程序设计中的对象是指具有唯一对象名和一组固定对外接口的属性和操作的集合，它用来模拟组成或影响现实世界问题的一个或一组因素。其中，对象名是用于区别对象的标识；对象的对外接口是在约定好的运行框架和消息传递机制下与外界进行通信的通道；对象的属性表现了它所处的状态；对象的操作（也称方法）是用来改变对象状态的特定功能。

具体地说，面向对象程序设计的思想主要体现在如下几方面：

① 面向对象程序设计的核心和首要问题是标识对象，而不是标识程序中的功能（函数/过程）。从面向对象程序设计的角度来看，对象作为现实世界中事物的基本组成部分，是系统框架中最稳定的因素，对象描述清楚了，就能够很容易地找出它们之间的关系，从而发现它们之间的相互作用，进而解决问题。

② 正是由于把标识对象作为解决问题的出发点，面向对象程序设计在整体上说是一种自底向上的开发方法。面向对象的基本思想将程序看作众多协同工作的对象所组成的集合，这些对象相互作用构成系统完整的功能，因此在设计开发程序时，面向对象的方法按照标识对象、定义对象属性和操作、明确对象之间事件驱动和消息关系，最后形成程序的整体结构顺序进行。

③ 同任何其他应用系统开发一样，面向对象程序设计在概念模式与系统组成模式上的一致性，使得面向对象程序设计过程中的各个阶段是一种自然平滑的过渡，各阶段的界限不是那么明显。系统分析阶段的结果能够直接映射成系统设计的概念，系统设计阶段的结果可以方便地翻译成实施阶段的程序组件，反之亦然。这样，系统设计和开发人员就能够容易地跟踪整个系统开发过程，了解各个阶段所发生的变化，不断对各个阶段进行完善。

总之，面向对象程序设计方法更符合人们对客观世界的认识规律，开发的软件系统易于维护、理解、扩充和修改，并支持软件的复用。从 20 世纪 90 年代开始，面向对象程序设计的方法逐渐成为软件开发的主流方法。

1.2.2　OOP 的发展过程

面向对象程序设计方法作为一种程序设计规范，其发展与程序设计语言的发展密切相关。事实上，最早的面向对象程序设计的一些概念正是由一些特定语言机制体现出来的。

20 世纪 50 年代后期，为了解决 FORTRAN 语言编写大型软件时出现的变量名在不同程序段中的冲突问题，ALGOL 语言设计者采用了"阻隔"（Barriers）的方式来区分不同程序段中的变量名，在程序设计语言 ALGOL60 中用 Begin...End 为标识对程序进行分段，以便区分不同程序段中的同名变量，这也是首次在编程语言中出现保护（Protection）和封装（Encapsulation）的思想。

20 世纪 60 年代，挪威科学家 O. J. Dahl 和 K. Nygaard 等采用了 ALGOL 语言中的思想，设计出用于模拟离散事件的程序设计语言 Simula 67。与以往程序设计语言不同，Simula 67 从一个全新的角度描述并理解客观事实,首次在程序设计中将数据和与之对应的操作结合成一个整体,提出"封装"的概念,它的类型结构和以后的抽象数据类型基本是一样的。尽管 Simula 67 还不是真正的面向对象程序设计语言,但它提出的思想标志着面向对象技术正式登上历史舞台。真正的面向对象程序设计语言是由美国 Alan Keyz 主持设计的 Smalltalk 语言。Smalltalk 这个名字源自 Talk Small(少说话),意思是可以通过很少的工作量完成许多任务。Smalltalk 在设计中强调对象概念的统一,引入了对象、对象类、方法、实例等概念和术语,采用了动态联编和单继承机制。用 Smalltalk 编写的程序具有封装、继承、多态等特性,由此奠定了面向对象程序设计的基础。20 世纪 80 年代以后,美国 Xerox 公司推出了 Smalltalk-80,引起人们的广泛重视。

Smalltalk 语言的出现引发了学术界对面向对象程序设计的广泛重视,随之涌现出了很多面向对象的系统分析与设计方法,诞生了一系列面向对象的语言,如 C++、Eiffel、Ada 和 CLOS 等。 其中,C++不仅继承了 C 语言易于掌握、使用简单的特点,而且增加了众多支持面向对象程序设计的特性,促进了面向对象程序设计技术的发展。

20 世纪 90 年代,美国 Sun 公司提出的面向对象的程序设计语言 Java,被认为是面向对象程序设计的一次革命。Java 去除了 C++中为了兼容 C 语言而保留的非面向对象的内容,使程序更加严谨、可靠、易懂。尤其是 Java 所特有的"一次编写、多次使用"的跨平台优点,使得它非常适合在 Internet 应用开发中使用。

从面向对象程序设计语言的发展历程可以看出,面向对象程序设计语言是经过研究人员的不断改进与优化,才形成了今天的模样。正是由于这种语言更好地适应了软件开发过程中规模、复杂性、可靠性和质量、效率上的需求,并且在实践中得到了检验,才逐渐成为当前主流的程序设计方法。

1.2.3　OOP 的特点

面向对象程序设计有许多特点,这里重点介绍其主要特点。

1. 抽象

抽象(Abstract)是日常生活中经常使用的一种方法,即去除被认识对象中与主旨无关的部分,或是暂不予考虑的部分,而仅仅抽取出与认识目的有关的、实质性的内容加以考察。在计算机程序设计中所使用的抽象有两类:一类是过程抽象;另一类是数据抽象。

过程抽象将整个系统的功能划分为若干部分,强调功能完成的过程和步骤。面向过程的软件开发方法采用的就是这种抽象方法。使用过程抽象有利于控制、降低整个程序的复杂程度,但是这种方法本身自由度较大,难于规范化和标准化,操作起来有一定难度,质量上不易保证。

数据抽象是与过程抽象不同的抽象方法,它把系统中需要处理的数据和这些数据上的操作结合在一起,根据功能、性质、作用等因素抽象成不同的抽象数据类型。每个抽象数据类型既包含数据,也包含针对这些数据的授权操作,是相对于过程抽象而言更为严格、也更为合理的抽象方法。

面向对象程序设计的主要特点之一,就是采用了数据抽象的方法来构建程序的类、对象和方法。在面向对象程序设计中使用的数据抽象方法,一方面可以去除与核心问题无关的细节,使开发工作可以集中在关键、重要的部分;另一方面,在数据抽象过程中,对数据操作的分析、辨别和定义可以帮助开发人员对整个问题有更深入、准确的认识,最后抽象形成的抽象数据类型则是进一步设计、编程的基础和依据。

2. 封装

封装（Encapsulation）是面向对象程序设计的重要特征之一。面向对象程序设计的封装特性与其抽象特性密切相关。封装是指利用抽象数据类型将数据和基于数据的操作结合并包封到一起，数据被保护在抽象数据类型的内部，系统的其他部分只能通过对象所提供的操作来间接访问对象内部的私有数据，与这个抽象数据类型进行交流和交互。

在面向对象程序设计中，抽象数据类型是用"类"这种面向对象工具可理解和可操作的结构来代表的。每个类里都封装了相关的数据和操作。在实际的开发过程中，类多用来构建系统内部的模块。由于封装特性把类内的数据保护得很严密，模块与模块之间仅通过严格控制的接口进行交互，大大减少了它们之间的耦合和交叉，从而降低了开发过程的复杂性，提高了开发效率和质量，减少了可能的错误，同时也保证了程序中数据的完整性和安全性。

面向对象程序设计的这种封装特性还有另一个重要意义，就是抽象数据类型，即类或模块的可重用性大为提高。封装使得抽象数据类型对内成为一个结构完整、可自我管理、自我平衡、高度集中的整体；对外则是一个功能明确、接口单一、在各种合适的环境下都能独立工作的有机单元，这样的有机单元特别有利于构建、开发大型、标准化的应用软件系统，可以大幅提高生产效率，缩短开发周期和降低各种费用。

3. 继承

继承（Inheritance）是面向对象程序设计中最具有特色也与传统方法最不相同的一个特点。继承是存在于面向对象程序的两个类之间的一种关系，是组织、构造和重用类的一种方法。当一个类具有另一个类的所有数据和操作时，就称这两个类之间具有继承关系，被继承的类称为父类或超类，继承了父类或超类所有属性和方法的类称为子类。通过继承，可以将公用部分定义在父类中，不同部分定义在子类中，这样公用部分可以从父类中继承下来，避免了公用代码的重复开发，实现了软件和程序的可重用性；同时，对父类中公用部分的修改也会自动传播到子类中，而无须对子类做任何修改，这样有利于代码的维护。

一个父类可以同时拥有多个子类，这时该父类实际是所有子类的公共属性的集合，而每个子类则是父类的特殊化，是在父类公共属性的基础上进行的功能和内涵的扩展及延伸。

在面向对象程序设计的继承特性中，有单重继承和多重继承之分。单重继承是指任何一个类都只有一个单一的父类；多重继承是指一个类可以有一个以上的父类，它的静态数据属性和操作从所有父类中继承。采用单重继承的程序结构比较简单，是单纯的树状结构，掌握、控制起来相对容易。支持多重继承的程序，其结构则是复杂的网状，设计、实现都比较复杂。在现实世界中，问题的内部结构多为复杂的网状，用多重继承的程序模拟起来比较自然，但会导致编程方面的复杂性。单重继承的程序结构简单，实现方便，但要解决网状的继承关系则需要其他一些辅助措施。

在面向对象程序设计中，采用继承的机制来组织、设计系统中的类，可以提高程序的抽象程度，使之更接近于人类的思维方式，同时也可以提高程序的开发效率，减少维护的工作量。

4. 多态

多态（Polymorphism）是面向对象程序设计的又一个特殊特性。所谓多态，是指一个程序中同名的不同方法共存的情况，在使用面向过程语言编程时，主要工作是编写一个个的过程或函数，这些过程或函数各自对应一定的功能，它们之间是不能重名的，否则在用名字调用时，就会产生歧义和错误；而在面向对象的程序设计中，有时却需要利用这样的"重名"现象来提高程序的抽象度和简洁性。

对象程序设计中的多态有多种表现方式，可以通过子类对父类方法的覆盖实现多态，也可以重载在同一个类中定义多个同名的不同方法，等等。多态的特点大大提高了程序的抽象程度和简洁性，更为重要的是，它最大限度地降低了类和程序模块之间的耦合性，使得它们不需要了解对方的具体细节，就可以很好地工作。这个优点对应用系统的设计、开发和维护都有很大的好处。

 ## 1.3　Java 开发环境

要在一台计算机上编写和运行 Java 程序，首先要建立 Java 运行环境。建立 Java 运行环境就是在计算机上安装 Java 开发工具包（JDK），并在计算机中设置相应的参数，使 Java 程序在计算机中正确运行。

1.3.1　JDK 环境配置

JDK 是 Sun 公司提供的免费 Java 开发工具包，现在分化成为三种版本：Java SE、Java EE 和 Java ME。Java SE 是用于工作站和个人计算机的标准开发工具包；Java EE 是应用于企业级开发的工具包；Java ME 主要用于面向消费电子产品，是使 Java 程序能够在手机、机顶盒、PDA 等产品上运行的开发工具包。本书主要介绍 Java SE。图 1-2 是 Java SE 基本结构的示意图。

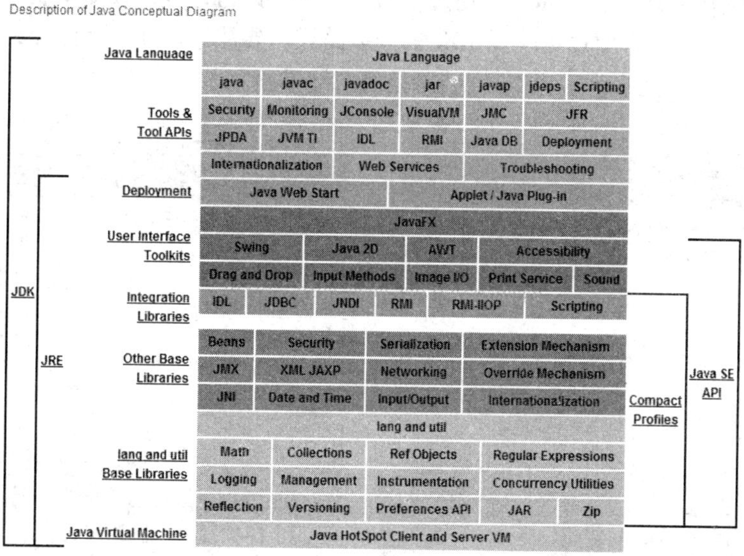

图 1-2　Java SE 基本结构的示意图

从图 1-2 中可以看出，JDK 包含了所有编译、调试、运行 Java 程序所需要的工具，由 JRE 和开发工具组成。JDK 中的开发工具主要包括 Java 编译器、Java 调试器、常用于远程调试的 JPDA（Java Platform Debugger Architecture，Java 平台调试架构），以及用于从 Java 源代码中抽取注释以生成 API 帮助文档的 Java API 文档生成器。

JRE 是 Java 的运行环境，由 JVM 加上 Java API 以及其他一些支持组件构成，用于运行 Java 程序。其中具体表现形式是 Java 的类库，是编程时可以利用的预编写的代码，主要包括核心 API（如端口类库、工具类库、I/O 类库等）、集成类库（如数据互联的类库等）以及用户接口（如用户图形界面类库、图形类库等），支持组件主要包括从 Web 下载运行 Java 应用程序的 Java Web Start 软件以及用于支持 Java Applet 在浏览器中运行的 Java Plug-in 软件。

JVM 负责解释 Java 的字节码，以便计算机能够加以执行，是 Java 平台核心。JVM 模拟了计算机的硬件，如处理器、堆栈、寄存器等，还具有相应的指令系统。JVM 只能执行 Java 字节码文件（.class 文件）。

下面具体介绍 JDK 环境搭建过程。在使用 Java 之前，需要先安装 JDK。一般要求 JDK 1.2 或以上版本，推荐使用 JDK 1.4 及以上版本。

1. JDK 的下载和安装

JDK 的最新版本可以在 http://www.oracle.com/technetwork/java/javase/downloads/index.html 网站上下载，下载时要注意自己计算机的操作系统类型以及操作系统的位数，下载的安装程序应当与计算机的操作系统相匹配。这里介绍 JDK 8.0 版本，64 位的 Windows 环境下安装文件的文件名为 jdk-8u141-windows-x64.exe。

具体安装步骤如下：

① 双击安装文件 jdk-8u141-windows-x64.exe，安装程序在收集系统信息之后，会弹出 JDK 安装向导，如图 1-3 所示。

② 单击"下一步"按钮，系统默认将 JDK 安装到 C:\Program Files\Java\jdk1.8.0_141\目录下。用户可以不使用默认的安装路径，通过单击"更改"按钮，可以改变安装路径，例如改成 D:\Java\jdk1.8.0_141\。如果用户更改了 JDK 的安装路径，要注意记住这个路径，在以后应一直使用这个路径。图 1-4 是修改过 JDK 安装路径的向导界面。

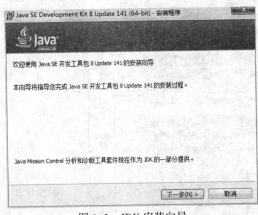

图 1-3　JDK 安装向导

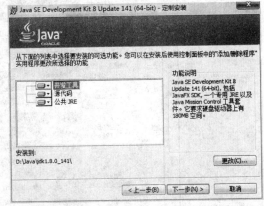

图 1-4　修改过 JDK 安装路径的向导界面

③ 单击"下一步"按钮，安装程序会自动在指定目录下安装 JDK。安装完成后，向导继续提示安装 JRE。JRE 的默认安装路径是 C:\Program Files\Java\jre1.8.0_141\，用户可以单击"更改"按钮改变 JRE 的安装路径，例如改成 D:\Java\jre1.8.0_141\。图 1-5 是修改过 JRE 安装路径的向导界面。

④ 单击"下一步"按钮，继续安装 JRE。安装完成后，单击"完成"按钮即可。本书中 JDK 和 JRE 采用的目录都是 D:\Java\。图 1-6 所示是安装成功之后的目录结构图。

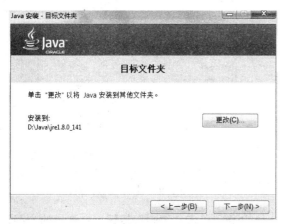

图 1-5 修改过 JRE 安装路径的向导界面

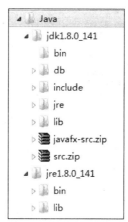

图 1-6 目录结构图

2. JDK 的环境变量设置

JDK 安装完成之后，还需要设置计算机系统的环境变量中运行路径(Path)和类路径(classpath)，以便其他软件能够确定 JDK 的安装位置。运行路径变量记录 JDK 各个命令程序所在的路径，系统根据这个变量的值来查找相应命令程序。因此，在运行路径变量中加上 JDK 命令程序所在的路径，JDK 的命令程序都放在\bin 目录下（见图 1-6）。例如，对于安装在 D:\Java\jdk1.8.0_141\目录下的 JDK 来说，运行路径变量的值应该设置 D:\Java\jdk1.8.0_141\bin，这样，在运行 JDK 命令程序时就不必输入路径名了。

类路径变量用来记录用户定义的类和第三方定义的类所在的路径，通常将类路径设为当前路径（用"."表示）。当运行路径和类路径变量有多个值（多个路径）时，相邻两个路径之间用分号（Windows 操作系统）或者冒号（Linux 或 UNIX 操作系统）隔开。

以下以 Windows 7 操作系统环境为例，说明 JDK 环境变量的设置步骤。

① 右击桌面上的"计算机"图标，选择快捷菜单中的"属性"命令，打开"系统属性"对话框；或者选择"开始"菜单中的"控制面板"命令，打开"控制面板"窗口，双击其中的"系统"图标，也可以打开"系统属性"对话框。选择"高级"选项卡，如图 1-7 所示。

② 单击"环境变量"按钮，打开"环境变量"对话框，如图 1-8 所示。"环境变量"对话框分成上下两部分，上半部分用来设置只对当前用户有效的用户变量，下半部分用来设置对所有用户都有效的系统变量。

③ 单击"系统变量"中的"新建"按钮，打开"新建系统变量"对话框，按照如图 1-9 所示填写，变量名为 JAVA_HOME，变量值为 D:\Java\jdk1.8.0_141。设置新的系统变量 JAVA_HOME 的作用是方便使用，后期如需要更新其他版本只需要安装后修改 JAVA_HOME 变

量即可。（不需要修改 path 路径，path 路径其中配置的系统路径参数很多，配置 JAVA_HOME 可以避免产生错误。）

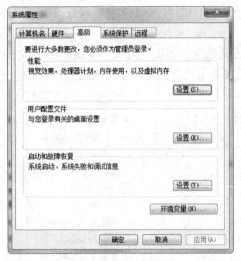

图 1-7　"系统属性"对话框　　　　　　　　图 1-8　"环境变量"对话框

④ 在图 1-8 的"系统变量"列表框中选择 Path，单击"编辑"按钮，在弹出的"编辑系统变量"对话框中的"变量值"文本框中最前面添加"%JAVA_HOME%\bin;"，单击"确定"按钮，完成运行路径的设置，如图 1-10 所示。

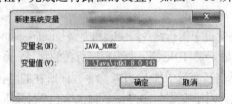
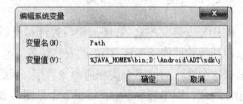

图 1-9　"新建系统变量"对话框　　　　　　图 1-10　"编辑系统变量"对话框

⑤ classpath 配置。classpath 配置只针对 JDK 1.6 以前的版本，JDK 1.6 以及以后的版本都不需要配置 classpath。

1.3.2　JDK 常用命令

JDK 包括了一系列用于开发 Java 程序的命令，程序设计人员可以用这些命令调试和运行 Java 程序，下面对其中的几个主要命令进行简单介绍。

1. Javac 编译器

javac.exe 是 Java 程序的语言编译器，该编译器读取 Java 程序源代码文件，并将其编译成类文件（.class 文件）。类文件中包含有 Java 字节码。javac 的命令行中必须指定 Java 程序源文件，并且必须包括文件扩展名.java。javac 命令的用法如下：

```
javac <选项>  <源文件>
```

javac.exe 命令的常用选项及其含义如表 1-1 所示。

表 1-1　javac.exe 命令的常用选项及其含义

选　项　值	含　　义
–g	生成所有调试信息，调试信息包括行号和源文件信息
–g: none	不生成任何调试信息
–nowarn	关闭警告信息，编译器不显示警告信息
–verbose	输出有关编译器正在执行的操作的消息
–deprecation	输出使用已过时的 API 的源位置
–classpath<路径>	指定查找用户类文件和注释处理程序的路径
–cp<路径>	指定查找用户类文件和注释处理程序的路径
–processorpath<路径>	指定查找注释处理程序的路径
–d<目录>	指定存放生成的类文件的位置
–s<目录>	指定存放生成的源文件的位置
–encoding<编码>	指定源文件使用的字符编码
–help	输出本命令选项的帮助信息

2. Java 解释器

java.exe 是 Java 语言的解释器，用来解释执行 Java 字节码文件。用于执行.class 文件的语法是：

```
java[选项] class文件名[参数...]
```

其中，class 文件名是以.class 为扩展名的 Java 字节码文件。与 javac.exe 命令不同，java 命令行中只需指明字节码文件名即可，不必再写扩展名.class。 参数是要传给类中 main() 方法的，多个参数用空格分隔。

java.exe 还可以执行扩展名为.jar 的可执行 Java 归档文件（Java Archive File），用法如下：

```
java[-选项]-jar JAR文件名[参数...]
```

其中，JAR 文件为以.jar 为扩展名的可执行 Java 归档文件，参数是要传给类中 main()方法的参数，多个参数用空格分隔 。

java.exe 命令的常用选项及其含义如表 1-2 所示。

表 1-2　java.exe 命令的常用选项及其含义

选　项　值	含　　义
–verbose	输出有关编译器正在执行操作的消息，包括被编译的源文件名和被加载的类名
–classpath<路径>	指定查找用户类文件和 JAR 文件的路径
–cp<路径>	指定查找用户类文件和 JAR 文件的路径
–version	显示 Java 版本，程序不再运行
–showversion	显示 Java 版本，程序继续运行
–help	输出命令选项的帮助信息
–?	输出命令选项的帮助信息

3. Java 归档文件生成器

JVM 除了可以运行扩展名为.c1ass 文件外，还可以运行扩展名为.jar 文件的可执行的 JAR（Java Archive File）文件。JAR 文件是一种压缩格式的文件，它可以将一个应用程序所涉及的多个.class 文件及其相关的信息（如目录、运行需要的类库等）打包成一个文件，从而提高了 Java 程序的便携性。JAR 文件通常用来发布 Java 应用程序和类库。

JDK 中的 jar.exe 命令负责生成 JAR 文件，其用法是：

```
Jar {ctxui 参数}  [vfmOMe 参数]  [JAR 文件]  [manifest 文件]  [应用程序入口点]  [-C 目录]
文件名...
```

jar.exe 命令中常用参数在这里不再详细说明。

除以上命令外，JDK 还提供多种工具，包括 Java Applet 查看器（appletViewer.exe）、Javah 头文件生成器（javah.exe）、Java 反编译器（javap.exe）、JDB 调试器（jdb.exe）、Java API 文件生成器（javadoc.exe）等，这里不再一一介绍。

4. 应用程序示例

以下用一个简单例子来说明 Java 应用程序编译、执行的过程。

【例 1.1】一个简单的 Java 应用程序。

```
/*First Java program*/
public class WelcomeToJava {
    public static void main(String[] args) {
        System.out.println("Welcome to JAVA. ");
    }
}
```

（1）编辑源程序

JDK 本身没有提供编辑工具，可以使用任何第三方文本编辑器，例如使用 Windows 的记事本程序，输入例 1.1 的代码。例 1.1 是一个比较简单的 Java 应用程序，其中：

第 1 行 "/*...*/" 引导的内容是 Java 的注释信息。Java 编译器在编译过程中会忽略程序注释的内容，在程序使用注释时，能够增加程序的可读性。

第 2 行是类的定义，保留字 class 用来定义一个新的类，其类名为 WelcomeToJava, class 前面的保留字 public 是修饰符，说明这个类是一个公共类，整个类的定义由花括号{}括起来（即第 2 行最后的 "{" 和第 6 行的 "}"），其内部是类体。

第 3 行定义了一个 main()方法，这是 Java 应用程序必须定义的一个特殊方法，是程序的入口。其中，public 表示访问权限，指明可以从本类的外部调用这一方法； static 指明该方法是一个类方法，它属于类本身，而不与某个具体对象相关联； void 指明 main()方法不返回任何值。main()方法也用花括号{}括起（即第 3 行最后的 "{" 和第 5 行的 "}"）。

第 4 行 System.out. println("Welcome to JAVA.")实现程序的输出，这条语句调用了 System 类的标准输出流 out 的 println()方法，该方法的作用是将圆括号内的字符串在屏幕上输出，并换行。System 类位于 Java 类库的 java. lang 包中。

这条语句的功能是在标准输出设备（显示器）上输出一行字符：

```
Welcome to JAVA.
```

程序编辑结束，也就是输入结束后，保存文件，并将文件命名为 WelcomeToJava. java，这里假定文件保存在 D:\Java\Program 目录下。注意，文件名必须与类名相同（字母的大小写也要一致）。至此，Java 源程序编辑完毕。利用 Windows 资源管理器，可以在 D:\Java\Program 目录下看到 WelcomeToJava. java 文件。

（2）编译源程序

使用 javac 命令对源程序进行编译，将 Java 源程序转换成字节码。

单击"开始"→"所有程序"→"附件"→"命令提示符"命令，打开"命令提示符"窗口，进入 D:\Java\Program，并输入 javac WelcomeToJava. Java，按【Enter】键后看到图 1-11 所示窗口，表明编译成功。这时，D:\Java\Program 目录下会多出字节码文件 WelcomeToJava.class。

图 1-11　编译成功界面

如果程序输入有错，假定程序第 2 行的 public 中的小写的"p"改成大写的"P"，则编译器会给出错误提示，如图 1-12 所示。这时，不会生成 WelcomeToJava. class 文件。

图 1-12　编译失败界面

（3）执行程序

程序被正确编译成字节码后，就可以用 java 命令来执行。在"命令提示符"窗口中输入 java WelcomeToJava，可以看到本程序的运行结果，如图 1-13 所示。

图 1-13　运行成功界面

1.3.3　Eclipse 配置

JDK 以命令行的方式为程序开发人员提供了必要的开发工具，虽然简单，但使用起来并不是很方便，特别是无法满足大型 Java 应用开发的要求。随着 Java 的广为流行，第三方公司开发的 Java 语言集成开发环境（Integrated Development Environment, IDE）应运而生。集成开发环境是一种提供程序开发环境的应用程序，它将程序的编辑、编译、调试、运行等功能集成到一起，并利用图形用户界面（GUI）来方便开发人员的操作，以提高工作效率。 IDE 是程序开发人员必备和必会的工具。常用的 Java IDE 有 NetBeans、JBuilder、Eclipse、Visual J++、JCreator 等。本书使用 Eclipse 作为开发环境。

1998 年，美国 IBM 公司整合公司的内部研究力量，致力于开发一种通用的应用软件集成开发环境。2000 年，IBM 将研发出来的系统命名为 Eclipse。2001 年，IBM 发布 Eclipse 1.0，并将这套投资了 4 千万美元的系统捐赠给了开发源码社区，同时，还组建了 Eclipse 联盟，主要任务是支持并促进 Eclipse 开源项目的进一步发展。2004 年初，在 Eclipse 联盟的基础上成立了独立的、非营利性的合作组织——Eclipse 基金会（Eclipse Foundation），负责对 Eclipse 项目进行规划、管理和开发。 Eclipse 基金会的网址是 http:// www.eclipse.org/，可在该网站上免费找到 Eclipse 的各种版本和相关资源。

Eclipse 最大的特点是采用开放的、可扩展的体系结构，它有三个组成部分：Eclipse 平台（Eclipse platform）、Java 开发工具（Java Development Toolkit, JDT）以及插件开发环境（Plug-in Development Environment, PDE）。Eclipse 平台是 Eclipse 的通用环境，用于集成各种插件，为插件提供集成环境，各种插件（包括 JDT 和 PDE）通过 Eclipse 平台运行和发挥作用。JDT 本身是一种插件，提供 Java 应用程序编程接口，是 Java 程序的开发环境。 PDE 是插件的开发和测试环境，支持对插件的开发。由此可见，Eclipse 的功能已经远远超出了 Java 集成开发环境的范围。事实上，Eclipse 的目标是创造一个广泛的开发平台，为集成各种开发工具（插件）提供必要服务，使得开发人员能够将不同的工具整合到 Eclipse 中，在一个统一的软件环境下开发应用系统，提高工作效率。

自 Eclipse 1.0 发布以来，Eclipse 每年都有新的版本发布，从 Eclipse 3.1 版开始，除了版本号以外，还对 Eclipse 进行了代号命名。表 1-3 列出了 Eclipse 的主要版本。

表 1-3　Eclipse 的主要版本

版　本	发 布 时 间	版　本	发 布 时 间
Eclipse 1.0	2001 年 11 月 7 日	Eclipse Helios（3.6）	2010 年 6 月 23 日
Eclipse 2.0	2002 年 6 月 27 日	Eclipse Indigo（3.7）	2011 年 6 月 22 日
Eclipse 2.1	2003 年 3 月 27 日	Eclipse Juno（4.2）	2012 年 6 月 27 日
Eclipse 3.0	2004 年 6 月 25 日	Eclipse Kepler（4.3）	2013 年 6 月 26 日
Eclipse IO（3.1）	2005 年 6 月 27 日	Eclipse Luna（4.4）	2014 年 6 月 25 日
Eclipse Callisto（3.2）	2006 年 6 月 29 日	Eclipse Mars（4.5）	2015 年 6 月 25 日
Eclipse Europa（3.3）	2007 年 6 月 25	Eclipse Neon（4.6）	2016 年 6 月 25 日
Eclipse Ganymede（3.4）	2008 年 6 月 17 日	Eclipse Oxygen（4.7）	2016 年 6 月 25 日
Eclipse Galileo（3.5）	2009 年 6 月 24 日		

　　下面具体介绍 Eclipse 的安装过程。Eclipse 用 Java 开发 IDE 环境，它本身也要在 Java 虚拟机运行，同时 Eclipse 需要使用 JDK 的编译器，因此，运行 Eclipse 之前，要先安装并正确配置 JDK。JDK 的安装和配置在前面已经做过介绍。

1. Eclipse 的下载和安装

　　Eclipse 是开放源代码项目，可以到 http://www.eclipse.org/网站免费下载最新版本的 Eclipse。这里介绍 Eclipse Oxygen 的 Eclipse IDE for Java Developers，其中 Windows 环境下安装文件的文件名为 eclipse-java-oxygen-R-win32-x86_64.zip。

　　eclipse-java-oxygen-R-win32-x86_64.zip 是绿色软件，在下载完成后，只需要将对应的压缩包文件 eclipse-java-oxygen-R-win32-x86_64.zip 解压缩到指定位置，例如 D 盘，即可完成 Eclipse 的安装。解压后，在安装目录 D 盘下会多出一个 eclipse 文件夹。其 D:\eclipse 目录下的文件结构如图 1-14 所示。

　　双击图 1-14 中的 eclipse.exe 文件，启动 Eclipse，出现 Eclipse 的启动画面，如图 1-15 所示。

图 1-14　Eclipse 的目录结构

图 1-15　Eclipse 的启动画面

　　启动画面结束后，Eclipse 弹出 Eclipse Launcher 对话框，提示用户指定工作空间（Workspace）的位置，如图 1-16 所示。工作空间是指存放 Java 项目（Java project）的目录，默认值是"C:\Documents and Settings\计算机用户名\workspace"，假定今后创建的 Java 项目都放在 D:\Java\Program 目录下，单击 Browse 按钮，在弹出的对话框中选择 D:\Java\Program 目录，再单击"确定"按钮，即可完成工作空间的设定。单击 Eclipse Launcher 对话框中的 Launch 按钮，进入 Eclipse 的欢迎界面，如图 1-17 所示。

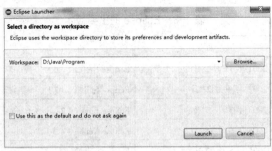

图 1-16　Eclipse Launcher 对话框

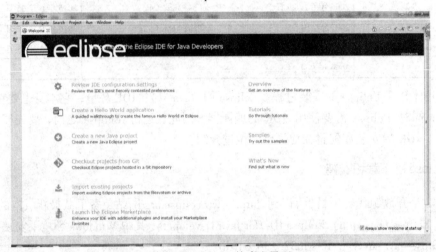

图 1-17　Eclipse 的欢迎界面

单击 Eclipse 欢迎界面的"关闭"按钮，关闭欢迎页面，进入 Eclipse 的主界面。

1.3.4　Eclipse 主界面

Eclipse 的主界面由透视图（Perspective）组成。一个透视图是视图（View）、菜单、工具栏、编辑器等的组合，用来满足不同类型 Java 程序开发工作的需要。简单地说，透视图提供开发界面的布局，如图 1-18 所示。

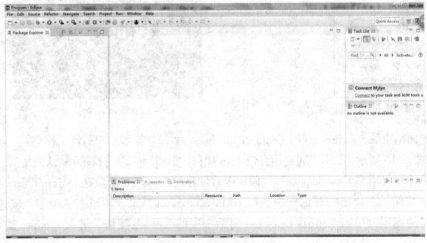

图 1-18　主界面透视图

以下简要介绍 Java 透视图的主要组成部分：

1. 菜单栏

菜单栏位于透视图的最上方，包括 File（文件）、Edit（编辑）、Source（源代码）、Refactor（重构）、Navigate（浏览）、Search（搜索）、Project（项目）、Run（运行）、Window（窗口）和 Help（帮助）等菜单，每个菜单含有若干菜单项，分别执行不同的操作。

2. 工具栏

主工具栏位于菜单栏的下方包括菜单中提供的常用操作，提供一种快捷访问 Eclipse 功能的方法。主工具栏中的组成部分可以定制。除主工具栏外，还有视图工具栏和快捷工具栏。在某些视图中包含了视图工具栏，列出了视图中的主要操作。快捷工具栏在默认情况下位于透视图的最下方，可以帮助开发人员快速访问各种视图。

3. 包资源管理器视图

包资源管理器视图显示所创建的 Java 项目的层次结构，包括 Java 项目所在的文件夹、包含的包（package）、每个包里含有的源文件名称、每个源文件中包含的类及其方法等。用鼠标拖动包资源管理器视图，可以改变包资源管理器视图的位置（其他视图也是如此）。

4. 层次结构视图

层次结构视图显示所创建的 Java 源文件中类的层次结构，它由两部分组成：一部分显示 Java 项目中选定的类的层次结构；另一部分显示该类的成员，包括成员变量和成员函数。开发人员可以用层次结构视图查看 Java 项目中的类、子类以及父类。

5. 编辑器视图

编辑器视图（图 1-18 中间部分）是进行代码编写和调试的核心区域，除了一般的编辑功能以外，它还提供了丰富的编辑命令和展示方式（例如用不同的颜色显示不同的代码），开发人员可以通过编辑器视图编辑不同格式的代码（Java、JSP、XML 等），并且可以设置程序断点等，方便程序调试。在编辑程序代码时，编辑器视图中会随时显示出各种语言提示，帮助开发人员提高代码的编辑质量。

6. 大纲视图

大纲视图显示当前打开的文件的大纲。对应于 Java 源文件的大纲视图包括所有类以及类的成员变量和成员函数，开发人员可以用它来查看程序的基本结构，并且可以通过单击视图中的类或成员，快速定位到编辑器视图中程序的相应代码部分。

7. 任务列表视图

任务列表视图提供了任务管理功能，开发人员可以用任务列表视图来管理自己的工作，例如，可以将自己要做的工作分门别类地组织起来，安排时间计划，Eclipse 系统会自动对任务进行提醒，使开发人员对自己已经做过的工作和没有做的工作一目了然。

8. 其他视图

其他视图（图 1-18 中的左下角部分）会根据项目开发、运行和调试进程进行显示。常见的视图有问题视图、JavaDoc 视图、声明视图、控制台视图等，分别用于帮助开发人员查看程序存在的问题、Java 源程序中的程序注释、全局变量声明、运行结果等。

1.3.5　用 Eclipse 开发 Java 应用程序

使用 Eclipse 开发 Java 应用程序的基本步骤为：建立 Java 项目代码；建立 Java 类；编写相应代码；调试和运行；如有需要，也可以生成可运行的 JAR 文件。

下面以 WelcomeToJava.java 为例，简要说明开发过程。

① 选择 File→New→Java Project 命令，如图 1-19 所示，弹出 New Java Project 对话框。

② 在 New Java Project 对话框的 Project name 文本框中填写项目名称 WelcomeToJava，如图 1-20 所示，此后单击 Finish 按钮，Eclipse 进入 Java 透视图，这时 D:\Java\Program 目录下会多出子目录 WelcomeToJava。

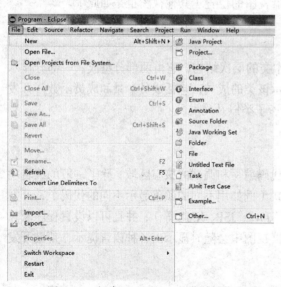

图 1-19　新建 Java Project 的菜单操作

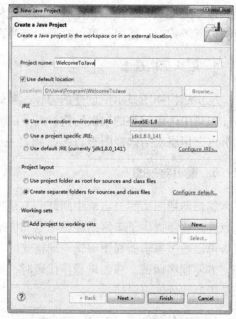

图 1-20　New Java Project 对话框

③ 右击 Package Explorer 中对应项目的名称，选择快捷菜单中的 New→Class 命令，也就是新建一个 Java 类，如图 1-21 所示，弹出 New Java Class 对话框。

④ 在 New Java Class 对话框中，在 Name 文本框中输入类名 WelcomeToJava，同时选中 Which method stubs would you like to create?下面的 public static void main(String[] args)复选框，表示要自动创建一个主函数，如图 1-22 所示，单击 Finish 按钮，Eclipse 进入 Java 透视图并显示出编辑器视图。

图 1-21　新建 Java 类的菜单操作　　　　　图 1-22　New Java Class 对话框

⑤ 编辑器视图中输入代码，如图 1-23 所示。

图 1-23　编辑器里编写的第一个程序代码

⑥ 选择 Run→Run As→Java Project 命令，Eclipse 提示保存资源，单击 OK 按钮，源程序 WelcomeToJava。java 被保存在 D:\Java\Program\WelcomeToJava \src 目录下，控制台视图会显示程序运行结果，如图 1-24 所示，表明程序运行正确。这时在 D:\JAVA\ program\WelcomeToJava \bin 目录下会生成 WelcomeToJava.class 文件。如果 Java 源程序中存在错误，控制台视图会给出提示，同时，问题视图也会列出错误所在。

图 1-24　程序运行结果

小　结

本章主要介绍 Java 的历史、Java 的特点、Java 运行基本原理、Java 程序的类型、面向对象的基本思想、面向对象的发展过程、面向对象的特点、JDK 环境配置和 Eclipse 配置。

习　题

一、选择题

1. 作为 Java 应用程序入口的 main()方法，其声明格式是（　　　）。

    A．public static int main(String args[])　　　　B．public static void main(String args[])

    C．public void main(String args[])　　　　　　D．public int main(String args[])

2. 下面命令正确的是（　　　）。

    A．java AppFirst.java　　　　　　　　　　B．java AppFirst

    C．java appfirst.class　　　　　　　　　　D．javac AppFirst

3. 设有一个 Java 小程序，源程序名为 FirstApplet.java，其 HTML 文件为 FirstApplet.html，则运行该小程序的命令为（　　　）。

    A．java FirstApplet　　　　　　　　　　　B．javac FirstApplet.java

    C．appletviewer FirstApplet.java　　　　　D．appletviewer FirstApplet.html

4. JDK 安装完成后，主要的命令如 javac、java 等，都存放在根目录的（　　　）文件夹下。

    A．bin　　　　　　　B．jre　　　　　　　　C．include　　　　　D．doc

5. Java 是一种（　　　）语言。

    A．机器　　　　　　B．汇编　　　　　　　C．面向过程的　　　D．面向对象的

6. Java 程序的最基本组成单位是（　　　）。

    A．函数　　　　　　B．过程　　　　　　　C．变量　　　　　　D．类

7. 在 Java 语言中，不允许使用指针体现出的 Java 特性是（　　　）。

    A．可移植性　　　　B．解释执行　　　　　C．健壮性　　　　　D．动态性

8. 保证 Java 可移植性的特征是（　　　）。

    A．面向对象　　　　B．安全性　　　　　　C．分布式计算　　　D．可跨平台

9. Java 语言中负责并发管理的机制是（　　　）。

    A．垃圾回收　　　　B．虚拟机　　　　　　C．代码安全　　　　D．多线程

10. 下列关于字节码的说法不正确的是（　　　）。

    A．字节码是一种二进制文件

    B．可以看作虚拟机的机器码

    C．可以直接在操作系统上运行

    D．Java 程序首先由编译器转换为标准字节码

11. 程序的执行过程中用到一套 JDK 工具，其中 javac.exe 是指（　　　）。

  A．Java 编译器

  C．Java 文档生成器

  B．Java 解释器

  D．Java 类分解器

12．JDK 目录结构中不包含（ ）目录。

  A．Inntpub   B．bin   C．demo   D．lib

13．Java 语言的执行模型是（ ）。

  A．全编译型

  C．半编译和半解释

  B．全解释型

  D．同脚本语言的解释模式

二、填空题

1．_____文件是由 Java 编译器自动生成的，它伴随着每个类。

2．Java 源文件中最多只能有一个_____类，其他类个数不限。

3．一个 Java 源文件中有三个类定义，经编译后会生成_____个字节码文件。

4．Java 有两个类型的应用程序，它们是_____和_____。

5．Java API 中的工具包是_____。

6．每个 Java 应用程序可以包含许多方法，但必须有且只能有一个_____方法。

三、简答题

1．Java 语言有哪些特点？

2．JDK 安装完成后，如何设置环境变量？

3．简述 Java 应用程序和小应用程序的区别。

4．简述 Java 应用程序的开发过程。

第2章 Java基本语法知识

基本语法是所有编程语言的基础知识，也是程序代码不可或缺的重要组成部分。要想编写规范、可读性强的 Java 程序，必须了解和掌握 Java 的基本语法知识。本章详细介绍了 Java 语言基本语法的各个组成部分，主要包括标识符、关键词、Java 基本数据类型、运算符、控制语句和数组等。

2.1 标识符及关键词

2.1.1 标识符

用来表示类名、变量名、方法名、类型名、数组名和文件名等的有效字符序列称为标识符。简单地说，标识符就是一个名字，它可以由编程者自由指定，但是需要遵循一定的语法规定。

Java 对于标识符的定义有如下的规定：

① 标识符可以由字母、数字和两个特殊字符下画线"_"、美元符号"$"组合而成，并且标识符的长度不受限制。

② 标识符必须以字母、下画线或美元符号开头。

③ 不能把关键词和保留字作为标识符。

这里要注意两点：一是 Java 区分大小写，varname 和 Varname 分别代表不同的标识符；二是 Java 使用 Unicode 国际标准字符集，故标识符中的字母还可能是汉字、日文片假名、平假名和朝鲜文等。

Java 除了对标识符的语法规则作了定义，还对标识符的命名风格作了如下约定：

① "_"和"$"不作为变量名、方法名的开头，因为这两个字符对于内部类具有特殊意义。

② 变量名、方法名首单词小写，其余单词只有首字母大写，例如 JavaClass。而接口名、类名首单词第一个字母要大写，例如 JavaClass。

③ 常量名完全大写，并且用"_"作为标识符中各个单词的分隔符，例如：FIRST_NAME。

④ 方法名应使用动词，类名与接口名应使用名词。例如：

```
class JavaClass          //定义一个类
interface JavaInterface  //定义一个接口
javaMethod()             //方法名称
```

标识符应能一定程度上反映它所表示的变量、常量、对象或类的意义。因此，变量名尽量不用单个字符，但临时变量如控制循环变量可以用 m、i、j 等。

2.1.2　关键词

Java 中一些被赋予特定含义用作专门用途的字符序列称为关键词，包括：

① 数据类型：boolean、byte、short、int、long、double、char、float。

② 包引入和包声明：import、package。

③ 用于类和接口的声明：class、extends、implements、interface。

④ 流程控制：if、else、switch、do、while、case、break、continue、return、default、for。

⑤ 异常处理：try、catch、finally、throw、throws。

⑥ 修饰符：abstract、final、native、private、protected、public、static、synchronized、transient、volatile。

⑦ 其他：new、instanceof、this、super、void、assert、const、enum、goto、strictfp。

关键词 const 和 goto 被保留但不被使用。关键词 assert 是由 Java2 的 1.4 版本添加的。除了关键词外，Java 还保留了下面几个字：true、false 和 null，这是 Java 定义的值，不能作为标识符。

2.1.3　语句及注释

1. 语句与语句块

Java 中以 ";" 为语句的分隔符。一行内可以写若干语句，一个语句可写在连续的若干行。例如：

```
a=c+d;e=3+d;g=7+f;
System.out.println("Welcome to JAVA.");
```

2. 注释

注释是程序不可少的部分，Java 中有三种注释。

① 行注释符 "//"，表示从 "//" 开始到行尾都是注释文字。

② 块注释符/ *...*/，注释一行或多行，表示 "/ *" 和 "* /" 之间的所有内容都是注释。

③ 文档注释符/**...* /，表示 "/**" 和 "* /" 之间的文本将自动包含在用 javadoc 命令生成的 HTML 文件中。

 ## 2.2　数　据　类　型

Java 是一种强类型语言，这意味着每个变量和表达式都有一个类型，每个类型都被严格定义，而且所有的赋值语句（不管是显式赋值的还是通过参数在方法调用中传递的）都要经过类型兼容性检查。在 Java 中没有冲突类型的自动转换，编译器检查所有表达式和参数以保证类型是兼容的，任何类型的不匹配都是错误的，必须在编译器编译之前更正。Java 的数据类型只有两类：基本数据类型与引用数据类型。

2.2.1　基本数据类型

基本数据类型有 4 种，共 8 个。

① 整型：包括 byte、short、int 和 long，用于整数值的有符号数字。

② 浮点型：包括 float 和 double，表示带有小数的数字。

③ 字符：包括 char，表示在一个字符系列中的符号，如字母和数字。

④ 布尔型：包括 boolean，它是一个表示真/假的特殊类型。

所有基本数据类型的大小（所占用的字节数）都已明确规定好，在各种不同的平台上都保持一致，这一特性有助于提高 Java 程序的可移植性。各个基本数据类型的大小及取值范围如表 2-1 所示。

表 2-1　基本数据类型定义表

数 据 类 型	关 键 词	占 用 位 数	默 认 数 值	取 值 范 围
字节型	byte	8	0	−128～127
短整型	short	16	0	−32 768～32 767
整型	int	32	0	−2 147 483 648～2 147 483 647
长整型	long	64	0	−9 223 372 036 854 775 808～ 9 223 372 036 854 775 807
浮点型	float	32	0. 0F	1. 401 298 464 324 817 07e−45～ 3. 402 823 466 385 288 60e+38
双精度型	double	64	0. 0D	4. 940 656 458 412 465 44e−324～ 1. 797 693 134 862 315 70e+308d
字符型	char	16	'\u 0000'	'\u 0000'～'\u FFFF'
布尔型	boolean	8	false	true、false

2.2.2　引用数据类型

基本数据类型并不是对象层次的一部分，它们只能以传值的方式传递，不能直接通过引用来传递。同样，也无法做到多个方法引用同一个数据类型的实例。因此，Java 中对应每一个基本数据类型，都有一个类来包装它。例如，对应基本的 double 类型，还存在一个类 Double。这些类在包含基本数据类型所表示的一定范围、一定格式数值的同时，还包含了一些特定的方法，可以实现对数值的专门操作，如把字符串转换程成双精度数组等。

所以，除了基本数据类型外，还有一种数据类型就是引用数据类型，例如，类、接口、数组和字符串等。这些将在后面的章节中详细介绍。

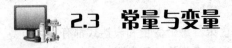

2.3　常量与变量

2.3.1　常量

所谓常量，是指在程序运行的整个过程中其值始终不可以改变的量。Java 中的常量有布尔常量、整型常量、浮点常量、字符常量、字符串常量。

1. 布尔常量

布尔常量只有两个：true 和 false，分别代表真和假。

2. 整型常量

整型常量即以数码形式出现的整数，包括正整数、负整数和 0，可以采用十进制、八进制和十六进制表示。十进制的整型常量用非 0 开头的数值表示，如 54、–1121；八进制的整型常量用 0 开头的数字表示，如 012 代表十进制数字 10；十六进制整型常量以 0x 开头的数字表示，如 0x12 代表十进制的数字 18。整型常量按照所占用内存长度，又可分为一般整型常量和长整型常量，其中，一般整型常量占用 32 位，长整型常量占用 64 位。长整型常量尾部有一个后缀字母 L（或 l），如 887L、0x676l。

3. 浮点常量

浮点常量表示的是可以含有小数部分的数值常量。根据占用内存长度的不同，可以分为一般浮点常量和双精度浮点常量两种。一般浮点常量占用 32 位内存，用 F（或 f）做后缀，如 43.4F、3.14f；双精度浮点常量占用 64 位内存，用带 D（或 d）或不加后缀的数值表示，如 15.77d、3.14159。与其他高级语言类似，浮点常量还有一般表示法和指数表示法两种不同的表示方法，如 3.1467E–5D、4.565E3f。

4. 字符常量

字符常量是单引号括起来的一个字符。Java 采用 16 位 Unicode 字符集，所有可见的 ASCII 字符都可以作为字符常量，如'a'、'2'、'@'。此外，字符常量还可以是转义字符。转义字符是一些有特殊含义、很难用一般方式表达的字符，如回车符、换行符等。为了表达清楚这些特殊字，Java 中引入了一些特别的定义。所有的转义字符都用'\'开头，后面跟着一个字符来表示某个特定的转义字符，如表 2-2 所示。

表 2-2 中，'\ddd'是用八进制表示一个字符常量，'\uxxxx'是用十六进制表示字符常量。

例如，八进制'\101'、十六进制'\u0047 '和' A'表示的是同一个字符，作为常量它们是相同的。需要注意的是，八进制表示法只能表示'\000'～'\377'范围内的字符，即不能表示全部的 Unicode 字符，只能表示其中 ASCII 字符集的部分。

表 2-2　转义字符表

引用方法	功　　能
\b	退格
\t	水平制表符 Tab
\n	换行
\f	换页
\r	回车
\"	双引号
\'	单引号
\\	反斜杠
\ddd	八进制字符常量表示
\uxxxx	十六进制字符常量表示

5. 字符串常量

字符串常量是用双引号括起的一串若干字符（可以是 0 个），可以包括转义字符和八进制/十六进制符号。Java 中标志字符串开始和结束的双引号必须在源代码的同一行上。下面列举几个字符串常量的例子："good"、"you are a good man?"、"this\rJava"、" "。在 Java 中可以使用连

接操作符 "+" 把两个或更多的字符串常量串接在一起，组成一个更长的字符串。例如，"我是中国人"+"\n"的结果是"我是中国人\n"。需要注意的是，在 C/C++中字符串是作为字符数组实现的，而 Java 中字符串是作为对象实现的。Java 包含大量的字符串处理功能，这些功能非常强大且易于使用。

2.3.2 变量

1. 变量的定义与声明

在 Java 程序中变量是最基本的存储单元。变量必须先声明后使用，声明时要指明变量的数据类型和变量名称，必要时还可以指定变量的初值。下面是几个变量声明的例子：

```
int x=432;
char c='u';
int i=1,k=3,j;
float f=3.14f;
String s="中国人";
Circle c; //Circle 为自定义的类，c 为该类的一个对象引用
```

需要注意的是，类变量的初始值是系统自动进初始化的，而局部变量必须在使用前由用户显式地对初值进行初始化，否则编译器就会产生编译错误。

2. 变量类型

Java 中的数据类型分为基本数据类型和引用数据类型两种，相应的，变量也有基本类型和引用类型两种。前面介绍的 8 种基本类型的变量称为基本类型变量，而类、接口、数组、字符串都是引用数据类型变量。这两种数据类型变量的结构和含义不同，系统对它们的处理也不同。

基本数据类型在变量声明时，系统直接给它分配了数据空间，空间中存放的就是初始化的数值。例如，int a=55 的内存分配如图 2-1（a）所示。引用类型变量在声明时，系统只给它分配一个引用空间，而没有分配数据空间。因此，引用类型变量声明后不能直接引用，必须通过实例化开辟数据空间，才能够对变量所指向的对象进行访问。例如，有一个表示坐标的类 Point，它有 x 和 y 两个成员变量，分别表示 x 坐标和 y 坐标，它的对象 point 创建和实例化过程如下：

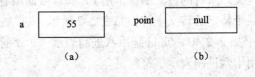

```
Point point;        //声明
point=new Point();  //赋值
```

系统执行第一条语句,将为 point 变量分配一个引用空间，如图 2-1（b）所示。第二条语句分为两步执行：首先执行 new Point()，给变量 point 开辟数据空间，如图 2-1（c）所示，然后执行赋值操作，将数据空间的首地址存入变量 point 中，如图 2-1（d）所示。

基本数据类型的变量赋值是数值的复制，

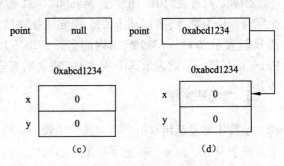

图 2-1　基本数据类型与引用类型变量的内存分配图

而引用类型变量之间的赋值是引用的复制，不是数据的复制。例如，下面的语句执行后，内存的变化如图 2-2 所示。

```
int x=6,y;
y=x;
Point point1, point2;
point1=new Point();
point2=point1;
```

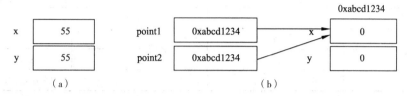

图 2-2 基本数据类型与引用类型变量的赋值内存分配图

3. 变量的作用域

Java 中所有的变量都有一个作用域，这个作用域定义了它们的可见性和生命周期。在 Java 中，两个主要的作用域是由类定义的作用域和由方法定义的作用域。类作用域有几个特殊的特性和属性，这些特性和属性不适用于由方法定义的作用域。关于类的作用域将在后面讨论类时具体介绍，这里仅讨论由方法定义或在方法内定义的作用域。

由方法定义的作用域是被一对花括号括起来的语句块，如果该方法带有参数，它们也被包括在此方法的作用域内，因此，每开始一个新的语句块就是在创建一个新的作用域，同时也决定对于程序的其他部分哪些对象是可见的。

一般来讲，作用域是可以嵌套的，外部的作用域封装了内部的作用域，这意味在外部作用域内声明的对象对于内部作用域的代码来说是可见的，而内部作用域声明的对象对其作用域外定义的代码是不可见的。但是要注意，不能声明一个与外部作用域变量同名的变量，在这方面，Java 与 C/C++不同。

在一个语句块内，可以在任何地方声明变量，但是这些变量仅在声明之后才能有效。因此，如果在一个方法的开始处声明一个变量，对于在那个方法内的所有代码来说，它都是可用的。反之，如果在一个方法的末尾处声明一个变量，则它是无用的，因为没有代码可以访问它。

2.4 运算符与表达式

Java 提供了丰富的运算符环境，它的大多数运算符可以分成下面 4 组：算术运算符、位运算符、关系运算符和逻辑运算符。Java 也定义了一些处理特殊情况的附加运算符。

2.4.1 算术运算符及表达式

算术运算是针对数值类型操作数进行的运算。算术运算符根据操作数个数的不同，可以分为双目运算符和单目运算符两种。

1. 双目运算符

有两个操作数的运算符称为双目运算符。常用的双目算术运算符有 5 个，如表 2-3 所示。

表 2-3　双目算术运算符

运　算　符	运　算	例　子	功　能
+	加	a+b	求 a 与 b 相加的和
–	减	a–b	求 a 与 b 相减的差
*	乘	a*b	求 a 与 b 相乘的积
/	除	a/b	求 a 除以 b 的商
%	取余	a%b	求 a 除以 b 所得的余数

算术运算符的操作数必须是数字类型的，布尔类型不能使用它们，但是 char 类型可以使用它们。这是因为，Java 中的 char 类型，本质上是 int 类型的一个子集。此外，两个整型的数据做除法时，结果是截取商的整型部分，而小数部分被截断，如果希望保留小数部分，则应该对除法运算的操作数做强制类型转换。例如，1/4 的结果是 0，而((float)1)/4 的结果是 0.25。还要注意一点，Java 中的取余运算可以应用于浮点类型和整型，而 C/C++中取余运算只能用于整型。

2. 单目运算符

只有一个操作数的运算符是单目运算符。常用的单目算术运算符有 3 个，如表 2-4 所示。

表 2-4　单目算术运算符

运　算　符	运　算	例　子	功　能
++	自增	a++或++a	a=a+1
––	自减	a––或––a	a=a–1
–	求相反数	–a	a=–a

单目运算符中的自增和自减，其运算符的位置可以在操作数前面，也可以在操作数后面。当进行单目运算的表达式位于一个更复杂的表达式内部时，单目运算符的位置将决定单目运算与复杂表达式二者执行的先后顺序。例如下面的例子里，单目运算符在操作数变量的前面，则先执行单目运算，修改变量的值后用这个新值参与复杂表达式的运算。

```
int i=5;
int j=(++i)*3;
```

运算的结果是 i=6，y=18。

而在下面的例子里，由于单目运算符放在操作数变量的后面，则先计算复杂表达式的值，然后再修改变量的取值。

```
int i=5;
int j=(i++)*3;
```

运算的结果是 i=6，y=15。可见，单目运算符的位置不同，虽然对操作数变量没有影响，但却会改变整个表达式的值。

2.4.2　关系运算符及表达式

关系运算符决定一个操作数与另一个操作数之间的关系。特别地，它们可以判断相等不相等以及排列次序，常用的关系运算如表 2-5 所示。

表 2-5　关系运算符

运　算　符	运　　算	例　　子	功　　能
==	等于	a == b	判断 a 是否等于 b
!=	不等于	a ! = b	判断 a 是否不等于 b
>	大于	a>b	判断 a 是否大于 b
<	小于	a<b	判断 a 是否小于 b
>=	大于等于	a>=b	判断 a 是否大于等于 b
<=	小于等于	a<=b	判断 a 是否小于等于 b

关系运算的结果是布尔型量，即"真"或"假"。关系运算符经常使用在控制语句和各种循环语句表达式中。 Java 中的任何类型，包括整型、浮点型、字符和布尔型都可以使用"=="来比较是否相等，使用"! ="来测试是否不相等（注意，相等用两个等号表示，一个等号表示赋值运算符）。仅仅数字类型可以使用关系运算符进行比较，即只有整数、浮点数和字符操作数可以被比较大小。

2.4.3　逻辑运算符及表达式

逻辑运算是针对布尔数据进行的运算，运算的结果仍然是布尔数据。常用的逻辑运算符如表 2-6 所示。

表 2-6　逻辑运算符

运　算　符	运　算	例　子	运　算　规　则
&	非简洁与	x & y	x、y 都真时结果才为真
I	非简洁或	xIy	x、y 都假时结果才为假
!	取反	!x	x 真时为假，x 假时为真
^	异或	x^y	x、y 同真或同假时结果为假
&&	简洁与	x&&y	只要 x 为假则结果为假，不用计算 y，只有 x、y 都真时结果才为真
II	简洁或	xIIy	只要 x 为真则结果为真，不用计算 y，只有 x、y 都假时结果才为假

"&"和"I"称为非间接运算符，因为在利用它们做与、或运算时，运算符左右两边的表达式总会被运算执行，然后再对两个表达式的结果进行与、成运算；而在利用"&&"和"II"做简洁运算时，运算符右边的表达式有可能被忽略而不执行。例如：

```
int i=8,j=10;
boolean z=i>j&&i++==j--;
```

在计算布尔变量 z 的取值时，先计算"&&"左边的关系表达式 i>j，得结果为假，根据逻辑与运算的规则，只有参加与运算的两个表达式都真时，最后的结果才为真，所以不论"&&"右边的表达式结果如何，整个表达式的值都为假，右边的表达式就不予执行运算了。最后三个变量的取值分别是：i=8，j=10，z=false。

如果把上面代码中的简洁与"&&"换成非简洁与"&"，则左右两边的两个表达式都会被运算，最后三个变量的取值分别是：i=9，j=9，z=false。

同理，对于简洁或"||"，若左边表达式的运算结果为真，则整个或运算的结果一定为真，右边的表达式就不会再执行运算。

2.4.4 位运算符及表达式

位运算是对操作数以二进制比特位为单位进行的操作和运算。参与运算的操作数只能是 int 或 long 类型，其他数据类型参与运算时要转换成这两种类型。几种位运算符和相应的运算规则如表 2-7 所示。

表 2-7 位运算符

运 算 符	运 算	例 子	运 算 规 则
~	按位非	~x	将 x 按比特位取反
&	按位与	x&y	将 x 和 y 按比特位做与运算
|	按位或	x|y	将 x 和 y 按比特位做或运算
^	按位异或	x^y	将 x 和 y 按比特位做异或运算
>>	右移	x>>a	x 各比特位右移 a 位
<<	左移	x<<a	x 各比特位左移 a 位
>>>	不带符号的右移	x>>>a	x 各比特位右移 a 位，左边的空位一律填 0

2.4.5 赋值运算符及表达式

在 Java 中，赋值运算符"="是一个双目运算符，结合方向为从右向左，用于将赋值符右边操作数的值赋给左边的变量，且这个值是整个运算表达式的值。若赋值运算符两边的类型不一致，且右边操作数的类型不能自动转换到左边操作数的类型时，则需要进行强制类型转换。此外，Java 还规定了 11 种复合赋值运算符，如表 2-8 所示。

表 2-8 复合赋值运算符

运 算 符	运 算	例 子	功 能 等 价
+=	加法赋值	x += a	x=x+a
−=	减法赋值	x −= a	x=x−a
*=	乘法赋值	x *= a	x=x*a
/=	除法赋值	x /= a	x=x/a
%=	取余赋值	x %= a	x=x %a
&=	按位（逻辑）与并赋值	x &= a	x=x&a
|=	按位（逻辑）或并赋值	x |= a	x=x|a
^=	按位（逻辑）异或并赋值	x ^= a	x=x^a
<<=	向左移位并赋值	x<<= a	x=x<< a
>>=	向右移位并赋值	x>>= a	x=x>> a
>>>=	不带符号向右移位并赋值	x>>>=a	x=x>>> a

2.4.6　其他运算符及表达式

1. 三目条件运算符

Java 中定义了一个特殊的三目运算符，可以取代某些类型的 if 语句，它的用法与 C 语言中完全相同，使用形式是 x?y:z，其规则是：先计算表达式 x，若 x 为真，则整个三目运算的结果为表达式 y 的值；若 x 为假，则整个运算的结果为表达式 z 的值。例如：

```
int x=1;
int k=x<3?1:-1;//x<3 为真，k 的值为 1
```

2. 括号与方括号

括号运算符"( )"在某些情况下起到改变表达式运算先后顺序的作用，在另一些情况下代表方法或函数的调用，它的优先级在所有的运算符中是最高的。方括号运算符"[]"是数组运算符，它的优先级也很高，其具体使用方法将在后面介绍。

3. 对象运算符

对象运算符 instanceof 用来测定一个对象是否是某一个指定类或其子类的实例，如果是则返回 true，否则返回 false。

2.4.7　运算符的优先级与结合性

运算符的优先级决定了表达式中不同运算执行的先后顺序，如关系运算符的优先级高于逻辑运算符，x> y && !z 相当于(x> y) && (!z)；运算符的结合性决定了并列的相同运算的先后执行顺序，如对于左结合的"+"，x+ y+ z 等价于(x+ y)+ z；对于右结合的"!"，!!x 等价于! (!x)。表 2-9 列出了 Java 主要运算符的优先级和结合性。

表 2-9　Java 主要运算符的优先级和结合性

运　算　符	优　先　级	结　合　性
[].() （方法调用）	1	从左向右
!~++--+（一目运算）-（一目运算）	2	从右向左
* / %	3	从左向右
+ -	4	从左向右
<< >> >>>	5	从左向右
< <= > >= instanceof	6	从左向右
== !=	7	从左向右
&	8	从左向右
^	9	从左向右
|	10	从左向右
&&	11	从左向右
||	12	从左向右
?:	13	从右向左
=	14	从右向左

2.4.8 数据类型转换

有编程经验的人都知道,将一种数据类型的值赋给另一种数据类型的变量是经常会发生的。这时就会涉及数据类型的转换。如果两种类型兼容,那么 Java 将会自动转换,例如把 int 型的值赋给 long 型变量,然而,并不是所有的类型都是兼容的,既不是所有的转换都能自动执行。下面就来看看 Java 数据类型之间的转换。

1. Java 的自动转换

自动类型转换又称拓宽转换（Widening Conversion）,或隐式转换。当把一种数据类型赋给另一种数据类型的变量时,如果两种类型是兼容的并且目标类型比源类型大,那么就会发生自动类型转换。此时要注意:byte、short、int 都是有符号的数,因而自动转换时（如转换到 long）要进行符号位扩展;int 转换到 float 或 long 转换到 double,很可能会造成精度损失;byte 和 char、byte 和 boolean、char 和 boolean 类型不兼容,不能互相转换。

Java 中还有一种经常发生的自动类型转换是表达式中类型的自动提升。在一个表达式中,中间值所要求的精度有时会超过操作数的范围,为此,编译程序在计算表达式时自动对操作数进行提升。Java 定义了几个适合表达式提升的原则:首先,所有的 byte、short 和 char 型值都被提升为 int 型;如果表达式中有一个操作数是 long 型,则整个表达式被提升为 long 型;如果一个操作数是 float 型,则整个表达式被提升为 float 型;如果任何一个操作数是 double 型,则结果为 double 型。

2. Java 的强制转换

尽管 Java 能够进行自动转换,但是它们并不能满足所有的要求。例如,要把一个 int 型值赋给 byte 型变量,由于 byte 型比 int 类型小,转换不能自动执行,这时就要进行强制转换。这种转换又称缩小转换（Narrowing Conversion）,因为显式地使值变小以便它适合目标类型。强制转换时需要注意几个问题:大多数情况下转换会丢失信息,当把浮点值赋给整型变量时会舍去小数部分,若整数部分数值太大而不能适合目标类型时,那么它的值会因为对目标类型值域取模而减小;char 型变量强制转换到 short 型时,将 char 型变量的两个字节（16 位）直接放入到 short 型中;boolean 型变量不能与任何类型转换;byte 型变量转换到 char 型期间自动转换和强制转换同时发生,其转换过程是先将 byte 型自动转换到 int 型,再将 int 型强制转换到 char 型。

【例 2.1】 数据类型转换示例。

```
public class DataTypeConversion{
    public static void main(String[] args){
        short s=56;
        long l;
        double d=123.5;
        System.out.println("short 型向 long 型进行自动类型转换-->");
        l=s;
        System.out.println("s="+s+"l="+ l);
        System.out.println("double 型向 long 型强制转换-->") ;
```

```
        l=(long)d;
        System.out.println("d="+d+"l="+l);
        s=100;
        l=200;
        d=4.5333;
        char c='c';
        int i=10;
        float f=44.4f;
        System.out.println("以下自动提升为 double 类型-->");
        double r=(f*d)+(i/c)-(d*s);
        System.out.println("(f*d)+(i/c)-(d*s)"+r);
    }
}
```

例 2.1 的运行结果如图 2-3 所示。

图 2-3　例 2.1 的运行结果

 **小　　结**

（1）关键字：是某种语言赋予了特殊含义的单词。

（2）保留字：是还没有赋予特殊含义，但是准备日后要使用的单词。

（3）标识符：其实就是在程序中自定义的名词。比如类名、变量名、函数名。包含 0～9、a～z、$、_。注意：①不可以数字开头。②不可以使用关键字。

（4）常量：是在程序中的值不会变化的数据。

（5）变量：其实就是内存中的一个存储空间，用于存储常量数据。

作用：方便于运算。因为有些数据不确定。所以确定该数据的名词和存储空间。

特点：变量空间可以重复使用。

只要是数据不确定的时候，就可以定义变量。

变量空间的开辟需要的要素：①这个空间要存储什么数据？数据类型。②这个空间叫什么名字？变量名称。③这个空间存储的第一个数据是什么？ 变量的初始化值。

变量的作用域：作用域从变量定义的位置开始，到该变量所在的那对大括号结束。

（6）生命周期：①变量从定义的位置开始就在内存中存活了。②变量到达它所在的作用域的时候就在内存中消失了。

（7）数据类型：

① 基本数据类型（8 种）：byte、short、int、long、float、double、char、boolean。

② 引用数据类型（3 种）：数组、类、接口。

级别从低到高为：byte、char、short（这三个平级）→int→float→long→double。

自动类型转换：从低级别到高级别，系统自动转换。

强制类型转换：把一个高级别的数值赋给一个比该数的级别低的变量。

掌握基本的运算符的使用原则。

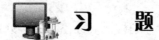 习　题

一、选择题

1. 下列属于合法的 Java 标识符的是（　　）。

　　A. "fd"　　　　　　　B. &5d8　　　　　　　C. -we　　　　　　　D. saler

2. 下列代表十六进制整数的是（　　）。

　　A. 045　　　　　　　B. 23　　　　　　　C. dd44　　　　　　　D. Ox54a

3. 设 "x=1,y=2,z=3"，则表达式 "y+=z- -/++x" 的值是（　　）。

　　A. 3　　　　　　　　B. 3.5　　　　　　　C. 4　　　　　　　　D. 4.5

4. 下面程序段的输出结果为（　　）。

```java
public class Test{
    public static void main(String[] args){
        System.out.println(89>>1) ;
    }
}
```

　　A. 44　　　　　　　　B. 45　　　　　　　C. 88　　　　　　　　D. 90

5. Java 程序书写格式的描述中，正确的是（　　）。

　　A. 不区分字母大小写

　　B. 一个注释不可以分写在多行上

　　C. 每个语句必须以 "," 作为结束符　.

　　D. 一行中可以既包含正常的 Java 语句，又包含注释

6. 下列关于用户标识符的叙述中正确的是（　　）。

　　A. 用户标识符中可以出现下画线和中画线（减号）

　　B. 用户标识符中不可以出现中画线，但可以出现下画线

　　C. 用户标识符中可以出现下画线，但不可以放在用户标识符的开头　。

　　D. 用户标识符中可以出现下画线和数组，它们都可以放在用户标识符的开头

7. 下列说法正确的是（　　）。

　　A. 单精度浮点型和双精度浮点型的数据长度一样

　　B. 可以对浮点数取模运算

　　C. 整型常量不能用八进制表示，但是可以用十六进制表示

　　D. 实型常量只能用十进制形式表示

8. 下面标识符中错误的是（　　）。

A.　Javaworld　　　　B.　_sum　　　　　C.　2Java Program　　　D.　$abc

9.　下列运算符的优先级顺序从高到低排列的是（　　　）。

A.　|、&.　、!　　　　B.　&、^、||　　　　C.　!　、%、++　　　　D.　<、<<、++

10.　下面赋值语句不会产生编译错误的是（　　　）。

A.　char a="abc";　　　　　　　　　　B.　byte b=152;

C.　float c=2.0;　　　　　　　　　　　D.　double d=2.0;

11.　下面是 Java 关键字的是（　　　）。

A.　False　　　　　B.　FOR　　　　　C.　For　　　　　D.　for

12.　执行下面程序后，结论正确的是（　　　）。

```
int a,b,c;
a=1;b=3;c=(a+b>3?++a:b++);
```

A.　a 的值为 2，b 的值为 3，c 的值为 1

B.　a 的值为 2，b 的值为 4，c 的值为 2

C.　a 的值为 2，b 的值为 4，c 的值为 1

D.　a 的值为 2，b 的值为 3，c 的值为 2

13.　设各个变量的定义如下，则下列选项的值为 true 的是（　　　）。

```
int a=3,b=3;
boolean flag=true;
```

A.　++a == b　　　　　　　　　　　B.　++a == b++

C.　(++a == b) || flag　　　　　　　　D.　(++a== =b) & flag

14.　表达式(int)6.5/7.5*3 的值的类型为（　　　）。

A.　short　　　　　B.　int　　　　　C.　double　　　　　D.　float

15.　设 a, b, x, y, z 均为 int 型变量，并已赋值，则下列表达式的结果属于非逻辑值的是
（　　　）。

A.　x>y && b<a　　　B.　-z>x-y　　　　C.　y == ++x　　　　D.　y+x*x++

16.　下面语句输出的结果为（　　　）。

```
System.out.println(5^2);
```

A.　6　　　　　B.　7　　　　　C.　10　　　　　D.　25

17.　对下面的语句执行完后正确的说法是（　　　）。

```
int c='c'/3;
System.out.println(c);
```

A.　输出结果为 21　　　　　　　　　　B.　输出结果为 22

C.　输出结果为 32　　　　　　　　　　D.　输出结果为 33

18.　以下选项中变量 a 已定义类型，合法的赋值语句为（　　　）。

A.　a = int(y);　　　B.　a== 1;　　　　C.　a = a+1=3;　　　D.　++a;

19.　执行下列程序段后，ch，x，y 的值正确的是（　　　）。

```
int x=3,y=4;
boolean ch;
ch=x<y||++x===--y;
```

A.　true，3，4　　　B.　true，4，3　　　C.　false，3，4　　　D.　false，4，3

20. 下列标识符中，正确的是（　　　）。

    A. 1_Back　　　　　　B. $_Money　　　　　C. $-money　　　　　D. 2-Forward

21. 现有一个 int 型的整数和一个 double 型的浮点数，当它们之间做了加法运算之后，得到的结果类型应该是（　　　）。

    A. int 型　　　　　　B. double 型　　　　　C. float 型　　　　　D. long 型

22. 以下程序的运行结果为（　　　）。

```java
public class A {
        public static void main(String[] args) {
            int x=2,y=5;
            String z="5";
            System.out.println(x+y);
            System.out.println(x+z+"x+z");
            System.out.println("x+y="+x+y);
            System.out.println("x+z="+(x+z));
        }
}
```

    A. 7　　　　　　　　B. 7　　　　　　　　C. 25　　　　　　　D. 7

       25x+z　　　　　　　　7x+z　　　　　　　　25x+z　　　　　　　25x+z

       x+y=25　　　　　　　x+y=25　　　　　　　x+y=7　　　　　　　x+y=25

       x+z=25　　　　　　　x+z=7　　　　　　　x+z=25　　　　　　　x+z=7

23. 设有定义 int a=12;，则执行 a*=12;语句后，a 的值为（　　　）。

    A. 144　　　　　　　B. 12　　　　　　　　C. 24　　　　　　　D. 0

24. 下列标识符中合法的是（　　　）。

    A. $#@!$　　　　　　B. $我们$　　　　　　C. 22　　　　　　D. 2$$2

25. 执行下列程序段后，b,x,y 的值分别是（　　　）。

```java
int x=6,y=8;
boolean b;
b=x>y&&++x==--y;
```

    A. true , 6, 8　　　B. false , 6, 8　　　C. e, 7, 7　　　D. false, 7, 7

26. 下列程序的运行结果是（　　　）。

```java
public class A {
    public static void main(String[] args) {
        int x=7%3;
        while(x){
            x--;
        }
        System.out.println(x);
    }
}
```

    A. 0　　　　　　　　B. 1　　　　　　　　C. true　　　　　　D. 编译错误

二、填空题

1. Java 中，移位运算符包括>>、<<和_____。

2. 如果两个操作数全是 byte 型或 short 型，则表达式的结果为＿＿＿＿型。

3. 在 Java 提供的 4 种整型变量中，＿＿＿＿类型表示的数据范围最小。

4. 定义并创建一个含有 7 个 float 型元素的数组＿＿＿＿。

5. 在 Java 中，由/** 开始，以*/结束的注释语句，可以用于生成＿＿＿＿。

6. 设有定义 int x=5;，则执行 x+=x+5 语句后，x 的值为＿＿＿＿。

7. Java 逻辑常量有两个：＿＿＿＿和＿＿＿＿。

8. 写出下列表达式的运算结果，设 a=2,b=-4,c=true。

（1）-a%b++　　　　　　　＿＿＿＿

（2）a>=1 && a <= 10 ? a : b　　＿＿＿＿

（3）c^(a>b)　　　　　　　＿＿＿＿

（4）(-a)<<a　　　　　　　＿＿＿＿

（5）(double)(a+b)/5+a/b　　＿＿＿＿

9. 比较两个数相等的运算符是＿＿＿＿。

10. Java 中的 8 种基本数据类型分别是 char、＿＿＿＿、＿＿＿＿、＿＿＿＿、＿＿＿＿、＿＿＿＿、＿＿＿＿和＿＿＿＿。

11. 写出下列程序的运行结果。

```java
public class Foo{
    static int i=0;
    static int j=0;
    public static void main(String[] args){
        int i=2;
        int k=3;
        int j=3;
        System.out.println("i+j is"+i+j);
        k=i+j;
        System.out.println("k is"+k);
        System.out.println("j is"+j);
    }
}
```

三、编程题

声明一个 double 类型变量 d，一个 float 变量 f，d 的赋值为 43.4，f 的赋值为 8.55，计算平方和。

第3章　Java控制语句

就像有感知力的生物一样，程序也应该有能力操控它的世界，并且在执行过程中作决定。Java 的运算符可以控制数据，而决定是由 Java 的控制语句来完成的。语句是 Java 的最小执行单位，用于指示计算机完成某些操作。该操作完成后会把控制权转向另外一条语句。语句不同于表达式，它没有值。语句间以分号（;）作为分隔符。Java 的控制语句分为顺序结构语句、选择结构语句和循环结构语句。本章将详细介绍 Java 中的各种流程控制语句。

 ## 3.1　顺序结构语句

Java 顺序结构语句通常指书写顺序与执行顺序相同的语句。语句可以是单一的一条语句（如 x= y+ z; ），也可以是用花括号{}括起来的语句块（也称复合语句）。

3.1.1　表达式语句

在 Java 程序中，表达式往往被用于计算某种值。但当表达式加上";"后，它就变成了表达式语句。

例如，下面一些表达式语句：

```
a=b;
int i=1;
System.out.println("good");
```

3.1.2　块语句

所谓"块"或"复合语句"，是指一对花括号"{"和"}"括起来的任意数量的语句组。

例如：

```
{
}    //这是一个空块
{
    Car  car=new Car();
    car.color="Red";
}        //这是一个复合语句
```

块定义着变量的"作用域"。一个块也可嵌入另一个块内。

例如：

```
public static void main(String[] args){
    char c1;
```

```
    {
        char c2
        //c2 的作用域只在块内，到块外便失去作用
    }
}
```

注意，Java 不允许在两个嵌套的块内声明两个完全同名的变量。例如，下面的代码在编译时是通不过的。

```
public static void main(String[] args){
    char c1;
    {
        char c2
        char c1
        //c1 在外层已经定义过了，不可以在内层再定义，程序将出错
    }
}
```

块还应用在流程控制的语句中，如 if 语句、switch 语句及循环语句中。

3.2　选择结构语句

选择结构也称分支结构，它提供了这样一种控制机制：根据条件值或表达式值的不同选择执行不同的语句序列，其他与条件值或表达式值不匹配的语句序列则被跳过不执行。选择结构的语句又分为 if 语句和 switch 语句。

3.2.1　if 语句

if 语句根据判断条件的多少又分为单分支 if 语句、双分支 if 语句和多分支 if 语句。

1. 单分支 if 语句

格式如下：

```
if(条件)
    语句;
```

或者

```
if(条件)
{
    语句块;
}
```

第一种情况下，在条件为真时，执行一条语句；否则跳过语句执行下面的语句。

第二种情况下，在条件为真时，执行多条语句组成的语句块；否则跳过语句执行下面的语句。

上述格式中的"条件"为一关系表达式或布尔逻辑表达式，其值为一布尔值（true 或 false）。单分支 if 语句的流程如图 3-1 所示。

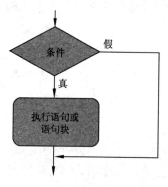

图 3-1　单分支 if 语句的流程

【例 3.1】判断某个人是否是未成年人。

```java
public class Monday {
    public static void main(String[] args) {
        int age=15;
        if(age<18)
            System.out.println(age+" 是未成年人");
        if(age>=18)
            System.out.println(age+" 是成年人");
    }
}
```

运行结果如图 3-2 所示。

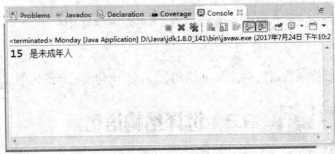

图 3-2　例 3.1 的运行结果

【附加案例】判断成绩是否及格。

代码如下：

```java
public class TestIf {
    public static void main(String[] args) {
        int score=50;
        if(score>=60)
            System.out.println(score+" 及格");
        if(score<60)
            System.out.println(score+" 不及格");
    }
}
```

运行结果如图 3-3 所示。

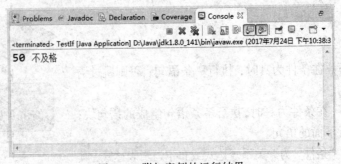

图 3-3　附加案例的运行结果

2. 双分支 if 语句

格式如下：
```
if(条件)
{
    语句块 1；
}
else
{
    语句块 2；
}
```

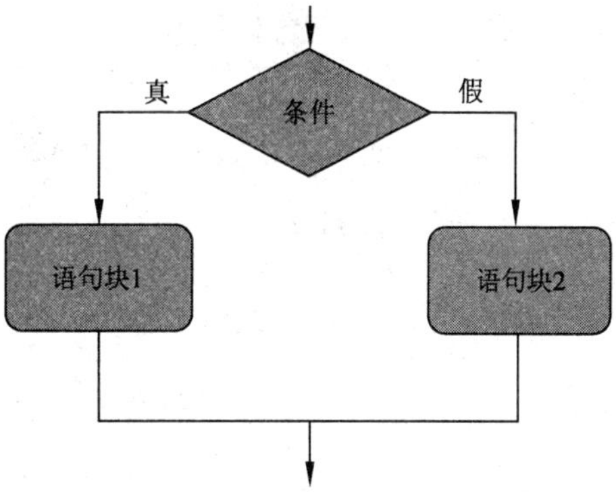

当条件为真时，执行语句块 1，然后跳过 else 和语句块 2 执行后面的语句；当条件为假时，跳过语句体 1，执行语句块 2；然后继续执行后面的语句。注意，else 子句不能单独作为语句使用，必须和 if 语句配对使用。双分支 if 语句的流程如图 3-4 所示。

图 3-4 双分支 if 语句的流程

【例 3.2】判断某个人是否是未成年人。
```java
public class Monday {
    public static void main(String[] args) {
        int age=19;
        if(age<18)
            System.out.println(age+" 是未成年人");
        else
            System.out.println(age+" 是成年人");
    }
}
```
运行结果：

19 是成年人

【附加案例】判断输入的年份是否是闰年。
```java
import javax.swing.JOptionPane;
public class TestIfElse {
    public static void main(String[] args) {
        int year;
        // 提示用户输入年数
        String numOfYearsString=JOptionPane.showInputDialog(null,
                "请输入年份:");
        //将 String 转换为 int
        year=Integer.parseInt(numOfYearsString);
        if(year%4==0&&year%100!=0||year%400==0){
            JOptionPane.showMessageDialog(null,year+"是闰年");
        }else{
            JOptionPane.showMessageDialog(null,year+"不是闰年");
        }

    }
}
```

测试运行结果如图 3-5 所示。

（a）输入数字 2007 的结果

（b）输入数字 2016 的结果

图 3-5   附加案例的运行结果

代码分析：

import javax.swing.JOptionPane;导入一个新的类 JOptionPane，它是图形界面的提示框。

① 属于 javax.swing 包。

② 功能：定制 4 种不同种类的标准对话框。

ConfirmDialog：确认对话框。提出问题，然后由用户自己来确认（单击 Yes 或 No 按钮）。

InputDialog：提示输入文本。

MessageDialog：显示信息。

OptionDialog：组合其他三个对话框类型。

③ 这 4 个对话框可以采用 show×××Dialog()来显示。例如：

showConfirmDialog()：显示确认对话框。

showInputDialog()：显示输入文本对话框。

showMessageDialog()：显示信息对话框。

showOptionDialog()：显示选择性的对话框。

④ 参数说明。

ParentComponent：指示对话框的父窗口对象，一般为当前窗口。也可以为 null，即采用默认的 Frame 作为父窗口，此时对话框将设置在屏幕的正中。

message：指示要在对话框内显示的描述性文字。

String title：标题条文字串。

Component：在对话框内要显示的组件（如按钮）。

Icon：在对话框内要显示的图标。

messageType（图标）：ERROR_MESSAGE、INFORMATION_MESSAGE、WARNING_MESSAGE、QUESTION_MESSAGE、PLAIN_MESSAGE。

optionType：对话框底部显示的按钮选项。DEFAULT_OPTION、YES_NO_OPTION、YES_NO_CANCEL_OPTION、OK_CANCEL_OPTION。

3. 多分支 if 语句

格式如下：
```
if(条件 1)
{
    语句块 1;
}
else if(条件 2)
{
    语句块 2;
}
...
else if(条件 n)
{
    语句块 n;
}
[else
{
    语句块 n+1;
}]
```
当条件 1 为真时，执行语句块 1，否则如果条件 2 的值为 true 则执行语句块 2……如果前面 n 个条件都不成立，则执行语句块 $n+1$，其中 else 部分是可选的。注意，else 总是与从前面代码开始，离它最近且未匹配的 if 语句匹配使用。多分支 if 语句的流程如图 3-6 所示。

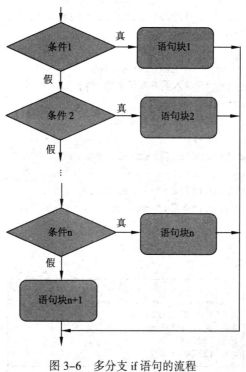

图 3-6　多分支 if 语句的流程

【例 3.3】判断成绩是否及格。

```java
public class Score {
    public static void main(String[] args) {
        int score=67;
        if(score>=90)
            System.out.println("优秀");
        else if(score>=80)
            System.out.println("良好");
        else if(score>=70)
            System.out.println("中等");
        else if(score>=60)
            System.out.println("及格");
        else
            System.out.println("不及格");
    }
}
```

运行结果：

及格

【附加案例】设银行存期有一年、两年、三年、五年，年利率分别为 2.25、2.7、3.24、3.6，现存入银行 10 000 元，到期取款，求银行应支付的本息分别为多少。（利息=本金×年利率×存期，本息=本金+利息）

```java
import java.util.Scanner;
public class Bank{
    public static void main(String[] args) {
        double increase[]={ 0.0225,0.027,0.0324,0,0.036 };
        double money,interest;
        int years;
        Scanner scan=new Scanner(System.in);
        System.out.print("请输入要存入的金额:");
        money=scan.nextDouble();
        System.out.print("请输入要存的年限:");
        years=scan.nextInt();
        interest=money*increase[years-1]*years;
        money+=interest;
        System.out.println("利息:"+interest);
        System.out.println("本息:"+money);
    }
}
```

运行结果如图 3-7 所示。

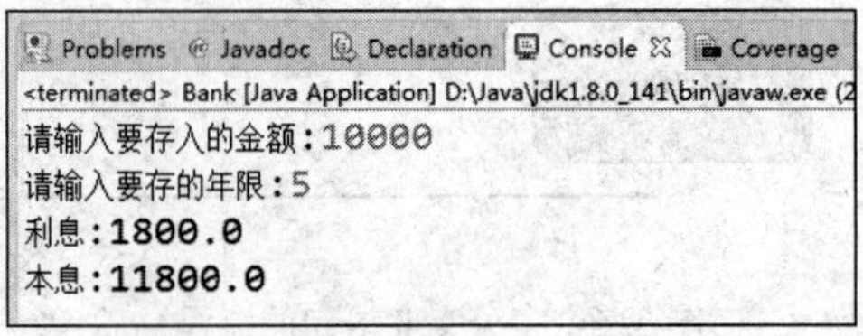

图 3-7 附加案例的运行结果

代码分析：

在 Eclipse 中编写程序时，如果变量是需要手动输入的，就可以用到 Scanner 类。Scanner 类是一个用于扫描输入文本的实用程序。由于任何数据都必须通过同一模式的捕获组检索或通过使用一个索引来检索文本的各个部分，于是可以结合使用正则表达式和从输入流中检索特定类型数据项的方法。这样，除了能使用正则表达式之外，Scanner 类还可以任意地对字符串和基本类型（如 int 和 double）的数据进行分析。借助于 Scanner 类，可以针对任何要处理的文本内容编写自定义的语法分析器。

代码 Scanner scan = new Scanner(System.in);定义 Scanner 对象，参数是标准输入流。System.out 是标准的输出流。

注意：在 Eclipse 中一定要在开始时在 package 下面导入 java.util.Scanner，不然 Scanner 便不能调用。

常用的输入不同数据类型的方法：

输入字节类型：nextByte()。

输入短整型：nextShort()。

输入整型：nextInt()。

输入长整型：nextLong()。

输入单精度浮点型：nextFloat()。

输入双精度浮点型：nextDouble()。

输入一行字符串：nextLine()。

3.2.2　switch 语句

处理多个分支问题时，使用多分支 if 语句显得非常烦琐，Java 提供了一种多分支结构的 switch 语句。switch 语句根据表达式的值从多分支中选择一个来执行。它的格式如下：

```
switch(表达式)
{
    case 常量 1:
        语句体 1;
        break;
    case 常量 2:
        语句体 2;
        break;
    …
    case 常量 n:
        语句体 n;
        break;

    [default:
        语句体 n+1;
        break;]
    }
}
```

其中, 表达式的类型只能是 int、byte、short、char。多分支结构把表达式的值依次与每个 case 子句中的值相比较,　如果遇到匹配的值, 则执行该 case 子句的语句序列。

case 子句只是起到一个标号的作用, 用来查找匹配的入口, 并从此处开始执行。case 子句中的值必须是常量, 而且所有 case 子句中的值应该是不同的。

default 子句可任选。当表达式的值与任一 case 子句中的值都不匹配时, 程序执行 default 后面的语句; 如果表达式的值与任一 case 子句中的值都不匹配, 且没有 default 子句, 则程序不作任何操作, 而是直接跳出 switch 语句。

break 语句用来在执行完成一个 case 分支后, 使程序跳出 switch 语句, 即终止 switch 语句的执行。如果没有 break 语句, 当程序执行完匹配的 case 语句序列后, 还会继续执行后面的 case 语句序列。因此, 一般应该在每个 case 分支后, 用 break 语句终止后面的分支语句序列的执行。在某些特殊情况下, 当多个相邻的 case 分支执行一组相同的操作时, 为了简化程序的编写, 相同的程序段只须出现在最后一个 case 分支中; 即只在这组分支的最后一个 case 后加 break 语句, 组中其他的 case 分支则不使用 break 语句。

case 分支中若包含多条语句, 可以不用花括号{}括起, switch 语句的流程如图 3-8 所示。

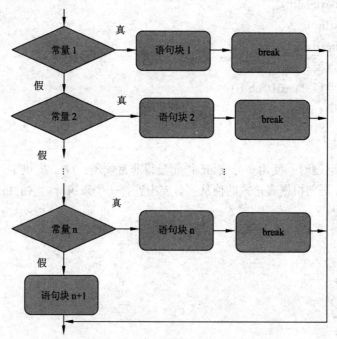

图 3-8　switch 语句的流程

【例 3.4】判断数字 1~7, 分别输出对应的星期(1~7 对应星期一~星期天)。

```java
public class Week {
    public static void main(String[] args) {
        int i=7;
        switch (i) {
        case 1:
            System.out.println("今天是星期一");
            break;
```

```
        case 2:
            System.out.println("今天是星期二");
            break;
        case 3:
            System.out.println("今天是星期三");
            break;
        case 4:
            System.out.println("今天是星期四");
            break;
        case 5:
            System.out.println("今天是星期五");
            break;
        case 6:
            System.out.println("今天是星期六");
            break;
        default:
            System.out.println("今天是星期天");
            break;
        }
    }
}
```

运行结果如图 3-9 所示。

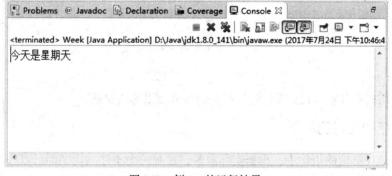

图 3-9　例 3.4 的运行结果

【附加案例】根据如下代码和运行结果分析 switch 语句。

代码如下：

```
public class TestSwitchBreak {
    public static void main(String[] args) {
        int i=5;
        switch (i) {

        case 1:
            System.out.println("one");
```

```
        case 10:
            System.out.println("ten");

        case 5:
            System.out.println("five");

        case 3:
            System.out.println("three");

        default:
            System.out.println("other");
        }
    }
}
```

运行结果如图 3-10 所示。

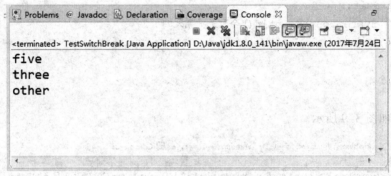

图 3-10　附加案例的运行结果

说明：

当 switch 结构中没有 break 语句时，产生的这种结果称为穿透。

3.2.3　选择结构语句的嵌套

上述各种条件结构的语句中，根据实际需要，在每一个条件结构中都可以嵌入另外的条件结构，使用时要特别注意 if 和 else 的搭配。if 语句的嵌套格式如下：

```
if(条件 1)
    if(条件 2)
        语句体 1;
    else
        语句体 2;
else
    if(条件 3)
        语句体 3;
    else
        语句体 4;
```

if 嵌套结构的流程如图 3-11 所示。

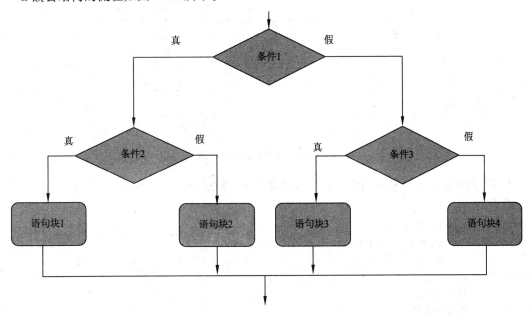

图 3-11　if 嵌套结构的流程

【例 3.5】求三个数当中的最大值。

```java
public class GetMax {
    public static void main(String[] args) {
        int a=10;
        int b=50;
        int c=21;
        int max;
        if(a>b)
            if(a>c)
                max=a;
            else
                max=c;
        else
            if(b>c)
                max=b;
            else
                max=c;
        System.out.println("max = "+max);
    }
}
```

运行结果如图 3-12 所示。

图 3-12　例 3.5 的运行结果

【附加案例】学生毕业的两个条件为考试成绩和考勤成绩都大于 60 分。

代码如下：

```java
public class Graduation {
    public static void main(String[] args) {
        int score=65;
        //考试成绩
        int daily=70;
        //考勤成绩
        if(score>60&&daily>60){
            System.out.println("正常毕业");
        }else{
            if(score<60&&daily<60){
                System.out.println("考试成绩和考勤成绩都不合格，不能毕业");
            }else if(daily<60){
                System.out.println("考勤成绩不合格，无法毕业");
            }else{
                System.out.println("考试成绩都不合格，不能毕业");
            }
        }
    }
}
```

运行结果如图 3-13 所示。

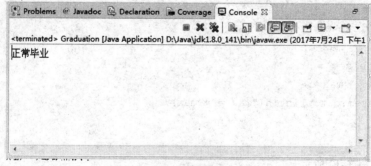

图 3-13　附加案例的运行结果

3.3 循环结构语句

在程序设计中，有时需要反复执行一段相同的代码，直到满足一定的条件为止。Java 中利用循环结构来实现这种流程的控制。Java 提供了三种循环语句：for 语句、while 语句和 do 语句。一个循环结构一般应包含 4 部分内容。

① 初始化部分：用来设置循环控制的一些初始条件。

② 循环体部分：这是反复执行的一段代码，可以是单一的一条语句，也可以是复合语句。

③ 迭代部分：用来修改循环控制条件。

④ 判断部分：也称终止部分，是一个关系表达式或布尔逻辑表达式，其值用来判断是否满足循环终止条件，每执行一次循环都要对该表达式求值。

3.3.1 while 循环语句

当不知道一个循环会被重复执行多少次时，可以选择不确定循环结构：while 循环。while 循环又称"当型"循环，while 循环结构的流程如图 3-14 所示。

它的一般格式为：

```
[初始化语句]
while(条件表达式)
{
    循环体;
    [迭代语句;]
}
```

说明：

① 初始化控制条件这部分是任选的，

② 当条件表达式的值为 true 时，循环执行花括号中的语句，其中迭代部分是任选的；若某次判断条件表达式的值为 false，则结束循环的执行。

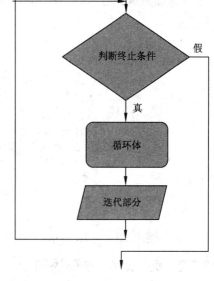

图 3-14 while 循环结构的流程

③ while 循环首先计算终止条件，当条件满足时，才去执行循环体中的语句；若首次计算条件就不满足，则循环体部分一次也不会被执行。这是"当型"循环的特点。

④ while 循环一般用于循环次数不确定的情况，但也可以用于循环次数确定的情况。

【例 3.6】用 while 循环求 1～100 之间所有偶数的和。

```java
public class WhileProduct {
    public static void main(String[] args) {
        int sum=0;
        int i=1;
        while(i<=100) {
            if(i%2==0)
                sum+=i;
            i++;
        }
```

```
        System.out.println("1到100之间所有偶数的和:"+sum);
    }
}
```

运行结果如图 3-15 所示。

图 3-15　例 3.6 的运行结果

【附加案例】用 while 循环输出 1～100 之间所有能被 10 整除的数。

代码如下：

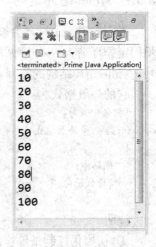

```
public class Prime {
    public static void main(String[] args) {
        int i=1;
        while(i<=100) {
            if(i%10==0)
                System.out.println(i);
            i++;
        }
    }
}
```

运行结果如图 3-16 所示。

图 3-16　附加案例的运行结果

3.3.2　do...while 循环语句

do...while 循环又称"直到型"循环。它的一般格式为：

[初始化语句]
do{
　　循环体;
　　[迭代语句;]
}while(条件表达式);

说明：

① do...while 结构首先执行循环体，然后计算终止条件。若结果为 true，则循环执行花括号中的循环体，直到布尔表达式的结果为 false。

② 与 while 结构不同，do...while 结构的循环体至少被执行一次，这是"直到型"循环的特点。

do...while 循环语句的流程如图 3-17 所示。

【例 3.7】用 do...while 循环求 1～100 之间所有偶数的和。

```
public class DoWhileProduct {
    public static void main(String[] args) {
```

```
        int sum=0;
        int i=1;
         do{
            if(i%2==0)
                sum+=i;
            i++;
        }while(i<=100);
        System.out.println("1到100之间所有偶数的和:"+sum);
    }
}
```

运行结果如图 3-18 所示。

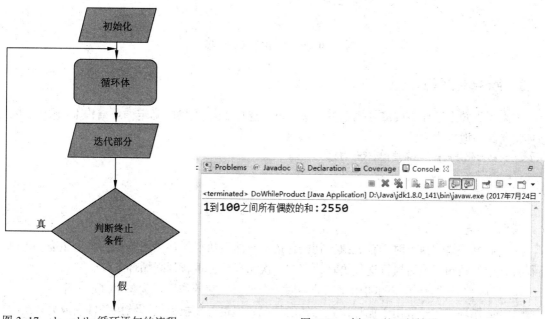

图 3-17　do...while 循环语句的流程　　　　　　图 3-18　例 3.7 的运行结果

【附加案例】用 do...while 循环输出 1～100 之间所有能被 10 整除的数。

代码如下：

```
public class Prime {
    public static void main(String[] args) {
        int i=1;
        do{
            if(i%10==0)
            System.out.println(i);
            i++;
        }while(i<=100)
    }
}
```

运行结果如图 3-19 所示。

while 循环与 do...while 循环最大的区别就在于：while 先判断条件再循环，循环体可以一次也不执行；do...while 先循环再判断条件，循环体至少执行一次。

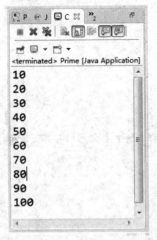

图 3-19　附加案例的运行结果

3.3.3　for 循环语句

如果事先知道循环会被重复执行多少次，可以选择 Java 提供的确定循环结构 for 循环。for 循环语句的一般格式为：

```
for(初始化语句;循环条件;迭代语句)
{
    循环体;
}
```

说明：

① for 循环语句执行时，首先执行初始化语句，然后执行循环判断条件，若为 true，则执行循环体中的语句，最后执行迭代语句，完成一次循环后，重新判断循环条件。

② 可以在 for 循环语句的初始化部分声明一个变量。它的作用域为整个 for 循环。

③ for 循环语句一般用于循环次数已知的情况，但也可以根据循环结束条件完成循环次数不确定的情况。

④ 在初始化部分和迭代部分可以使用逗号语句来运行多个操作。例如：

```
for(i=1,j=100;i<=j;i++,j--)
{
    ...
}
```

⑤ 初始化、循环条件以及迭代部分都可以为空语句，但分号不能省略，三者均为空的时候，相当于一个无限循环。例如：

```
for(;;)
{
    ...
}//无限循环
```

⑥ for 循环语句与 while 循环语句可以相互转换。例如：

```
while(true) {
    ...
}//同样是无限循环
```

for 循环结构的流程如图 3-20 所示。

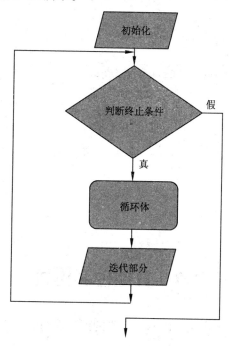

图 3-20　for 循环语句的流程

【例 3.8】用 for 循环求 1～100 之间所有偶数的和。

```java
public class ForProduct {
    public static void main(String[] args) {
        int sum=0;
        int i=1;
        for(;i<=100;i++)
        {
            if(i%2==0)
                sum+=i;
        }
        System.out.println("1到100之间所有偶数的和:"+sum);
    }
}
```

运行结果如图 3-21 所示。

图 3-21　例 3.8 的运行结果

【附加案例】用 for 循环输出 1～100 之间所有能被 10 整除的数。

代码如下：

```java
public class Prime {
    public static void main(String[] args) {
        for(int i=1;i<=100;i++)
        {
            if(i%10==0)
                System.out.println(i);
        }
    }
}
```

运行结果如图 3-22 所示。

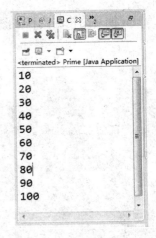

图 3-22　附加案例的运行结果

 ## 3.4　其他控制语句

Java 抛弃了有争议的 goto 语句，以两条特殊的流程控制语句（break 和 continue 语句）来完成流程控制的跳转。

3.4.1　break 语句

break 语句可用于 switch、for、while 及 do...while 语句中。break 语句在 switch 结构中的作用是退出 switch 结构，使程序从 switch 结构后面的第一条语句开始执行，在循环结构中 break 的作用是退出循环结构，并从紧跟该循环的第一条语句处开始执行。

【例 3.9】输出 i 的值，直到 i=10 为止。

```java
public class BreakDemo {
    public static void main(String[] args) {
        int i=0 ;
        while(i<1000) {
            if(i==10)
            break;
            System. out. println("i="+i);
            i++;
        }
    }
}
```

运行结果如图 3-23 所示。

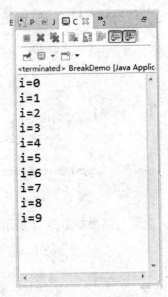

图 3-23　例 3.9 的运行结果

3.4.2　continue 语句

在循环语句中，continue 可以立即结束当次循环而执行下一次循环。当然，执行前先判断循环条件是否满足，以决定是否继续循环。continue 语句的格式为：

```
continue;
```

也可以使用标号化的 continue 语句跳转到括号指明的外层循环中，这时的格式为：

```
continue 标号;
```

【例 3.10】用 for 循环和 continue 求 1～100 之间所有偶数的和。

```
public class ForProduct {
    public static void main(String[] args) {
        int sum=0;
        int i=1;
        for(;i<=100;i++)
        {
            if(i%2!=0)
                continue;
            sum+=i;
        }
        System.out.println("1 到 100 之间所有偶数的和:"+sum);

    }
}
```

运行结果如图 3-24 所示。

图 3-24 例 3.10 的运行结果

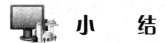 小 结

（1）当判断固定个数的值的时候，可以使用 if 语句，也可以使用 switch 语句。但是建议使用 switch 语句，效率相对较高。

```
switch(变量){
    case 值:要执行的语句;break;
    …
    default:要执行的语句;
}
```

工作原理：用小括号中的变量的值依次和 case 后面的值进行对比，和哪个 case 后面的值匹配，就执行哪个 case 后面的语句，如果没有匹配的，则执行 default 后面的语句。

细节：①break 是可以省略的，如果省略了就一直执行到遇到 break 为止。

②switch 后面的小括号中的变量应该是 byte、char、short、int 四种类型中的一种。

③default 可以写在 switch 结构中的任意位置；如果将 default 语句放在了第一行，则不管 expression 与 case 中的值是否匹配，程序都会从 default 开始执行直到第一个 break 出现。

（2）当判断数据范围，获取判断运算结果 boolean 类型时，需要使用 if 语句。

（3）当某些语句需要执行很多次时，建议使用循环结构。

（4）while 和 for 可以进行互换。二者的区别在于：如果需要定义变量控制循环次数，建议使用 for 语句。因为 for 语句循环完毕，变量在内存中释放。

（5）break 作用于 switch 和循环语句，用于跳出，或者称为结束。

break 语句单独存在时，下面不要定义其他语句，因为执行不到，编译会失败。当循环嵌套时，break 只跳出当前所在循环。

（6）continue 只作用于循环结构。

作用：结束本次循环，继续下次循环。该语句单独存在时，下面不可以定义语句，因为执行不到。

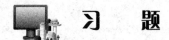 习　题

一、选择题

1. break 语句可以在循环语句中执行，执行后（　　　）。
   A. 跳出本次循环，继续进行下一次循环
   B. 跳出循环，从紧跟着循环的第一条语句执行
   C. 跳出循环，从循环条件处执行
   D. 跳出本次循环，到指定处执行

2. 在 switch 语句中，switch 之后的判断表达的类型可是（　　　）。
   A. boolean   B. char   C. byte   D. short
   E. int   F. long   G. float   H. double

3. 欲使下面的程序片断在控制台窗口中输出"Hello2"，变量 i 的值可以是（　　　）。
```java
class Test1{
    public static void main(String[] args){
        int i=___
        switch(i){
            case1:
                System.out. print("Hello1");
            case2:
            case3:
                System.out. print("Hello2");
            break;
        }
    }
}
```
   A. 0   B. 1   C. 2   D. 3   E. 4

4. 针对下面的程序，结论正确的是（　　　）。

```
class Test2{
    public static void main(String[] args){
        byte b=1;
        while(++b>0)
        ;
        System.out.println("Good") ;
    }
}
```

A. 运行程序时将会进入死循环，从而导致什么都无法输出

B. 每运行一次程序，则输出一次"Good"并退出

C. 每运行一次程序，则输出多次"Good"

D. 程序中含有编译错误

5. 下面程序片段输出的是（　　　）。

```
class Test3{
    public static void main(String[] args){
        int i=0,j=9;
        do{
            if(i++>--j)
                break;
        }while(i<4);
        System.out.println("i="+i+" and j="+j) ;
    }
}
```

A. i=4 and j=4　　　　B. i=5 and j=5　　　　C. i=5 and j=4　　　　D. i=4 and j=5

6. 下面程序片段输出的是（　　　）。

```
int a=3, b=1;
if(a=b)  Syste.out.println("a="+a);
```

A. a=1　　　　　　　　　　　　　　　B. a=3

C. 编译错误，没有输出　　　　　　　　D. 正常运行，但没有输出

7. 下面语句执行后，x 的值为（　　　）。

```
int a=4,b=5,x=3;
if(++a==b)  x=x*a;
```

A. 3　　　　　　　B. 12　　　　　　　C. 15　　　　　　　D. 20

8. 请看下面的程序代码：

```
if(x<0) {Syste.out.println("first");}
else if(x<20) {Syste.out.println("second");}
else {Syste.out.println("third");}
```

当程序输出"second"时，x 的范围是（　　　）。

A. x<=0　　　　　　B. x<20 && x>=0　　　C. x>0　　　　　　D. x>=20

9. 请看下面的程序代码：

```
switch(n){
  case 0: Syste.out.println("first");
```

```
      case 1:
      case 2: Syste.out.println("second"); break;
      default: Syste.out.println("end");
   }
```

当 n 为 (　　　) 时，程序段将输出字符串"second"。

    A. 0 　　　　　　　　B. 1 　　　　　　　　C. 2 　　　　　　　　D. 以上都可以

10. 下列语句执行后，j 的值是 (　　　)。

```
int j=3, i=3;
while(--i!=i/j) j=j+2;
```

    A. 4 　　　　　　　　B. 5 　　　　　　　　C. 6 　　　　　　　　D. 7

11. 下列语句执行后，x 的值是 (　　　)。

```
int x=2;
do{x+=x; }while(x<17);
```

    A. 4 　　　　　　　　B. 16 　　　　　　　　C. 32 　　　　　　　　D. 256

12. 执行下列语句后，i、j 的值是 (　　　)。

```
int i=1,j=8;
do{
   if(i++>--j)
      continue;
}while(i<4);
```

    A. i=4,j=5 　　　　B. i=5,j=4 　　　　C. i=5,j=5 　　　　D. i=5,j=6

13. 下列语句执行后，k 的值是 (　　　)。

```
int j=4,i,k=10;
for(i=2;i!=j;i++) k=k-i;
```

    A. 4 　　　　　　　　B. 5 　　　　　　　　C. 6 　　　　　　　　D. 7

14. 下列语句执行后，c 的值是 (　　　)。

```
char c='\0';
for(c='a'; c<'z';c+=3){
   if(c>='e') break;
}
```

    A. 'e' 　　　　　　　B. 'f' 　　　　　　　C. 'g' 　　　　　　　D. 'h'

15. 若变量都已经正确说明，则以下程序段输出为 (　　　)。

```
a=10;b=50;c=30;
if(a>b) a=b;b=c;
c=a;
System.out.println("a="+a+"  b="+b+"  c="+c);
```

    A. a=10　b=50　c=10 　　　　　　　　B. a=10　b=30　c=10
    C. a=50　b=30　c=10 　　　　　　　　D. a=50　b=30　c=30

16. 以下程序段的输出是 (　　　)。

```
int x=1,y=0,a=0,b=0;
i=(--a==b++)? --a:++b;
j=a++;k=b;
System.out.println("i="+i+"  ,j="+j+"  ,k="+k);
```

A.　i=2,j=1,k=3　　B.　i=1,j=1,k=2　　C.　i=4,j=2,k=4　　D.　i=2,j=-1,k=2

17. 以下程序的输出是（　　）。

```
int x=1,y=0,a=0,b=0;
switch(x){
    case 1:
        switch(y){
            case 0: a++;break;
            case 1: b++;break;
        }
    case 2:
        a++;break;
    case 3:
        a++;b++;
    }
System.out.println("a="+a+",b="+b);
```

A.　a=1, b=0　　B.　a=2,b=0　　C.　a=1, b=1　　D.　a=2, b=2

18. 以下程序段的输出是（　　）。

```
int i=0,j=0,a=6;
if((++i>0)||(++j>0 )) a++;
System.out.println("i="+i+" ,j="+j+" ,a="+a);
```

A.　i=0,j=0,a=6　　B.　i=1,j=1,a=7　　C.　i=1,j=0,a=7　　D.　i=0,j=1,a=7

19. 下列程序的运行结果是（　　）。

```
public class A{
    public static void main(String[] args){
        char c='d';
        for (int i=1;i<=4;i++) {
            switch (i){
            case 1:
                c='a';
                System.out.print(c);
                break;
            case 2:
                c='b';
                System.out.print(c);
                break;
            case 3:
                c='c';
                System.out.print(c);
            default:
                System.out.print("!");
            }
        }
    }
}
```

A. ！   B. dbc！   C. abc！   D. abc！！

二、程序问题题

1. 指出下面程序可能存在的问题。

```java
class Test4{
    public static void main(String[] args){
        for(int i==0;i<10;i++)
            System.out.println(i) ;
    }
}
```

2. 请指出下面程序片断可能存在的问题。

```java
class Test5{
    public static void main(String[] args){
        for(int i=0;i==10;i++)
            System.out.println(i) ;
            }
}
```

3. 指出下面程序可能存在的问题。

```java
class Test6{
    public static void main(String[] args){
        int i=0;
        while(i<5){
            System.out.println(i) ;
        }
    }
}
```

4. 请判断下面的程序能否通过编译并正常运行。如果能通过编译并正常运行,则请写出程序运行结果。

```java
class Test7{
    public static void main(String[] args){
        int i=0;
        do{
            System.out.println(i++) ;
        }while(i<5);
    }
}
```

5. 请指出下面程序可能存在的问题。

```java
class Test8{
    public static void main(String[] args){
        int i=0;
        do{
            System.out.println(i++);
        }
    }
}
```

三、阅读程序，写出运行结果

1.
```java
public class Test9{
    public static void main(String[] args){
        int i=0;
        while(true) {
            if(i++>10)
                break;
        }
        System.out.println(i);
    }
}
```

2.
```java
public class Test10{
    public static void main(String[] args){
        int i=0;
        while(true) {
            if(++i>10)
            break;
        }
        System.out.println(i);
    }
}
```

3.
```java
public class Test11{
    public static void main(String[] args){
        int a=1,b=2;
        if((a==0)&(++b==6))
            a=100;
        System.out.println(a+b);
    }
}
```

4.
```java
public class Test12{
    public static int mb_method(int x){
        int j=1 ;
        switch(x) {
            case 1:
                j++;
            case 2:
                j++;
            case 3:
                j++;
            case 4:
                j++;
            case 5:
                j++
```

```
            default:
                j++
        }
        return j+x;
    }
    public static void main(String[] args){
        System.out.println("结果是"+mb_method(3));
    }
}
```

5.
```
class Test13{
    public static void main(String[] args){
        int a=2;
        switch(a) {
            case 1:
                a+=1;
                break;
            case 2:
                a+=2;
            case 3:
                a+=3;
                break;
            case 4:
                a+=4;
                break;
            default:
                a=0;
        }
        System.out.println(a);
    }
}
```

6.
```
public class Test14{
    static boolean fun(char c){
        System.out.print(c) ;
        return true;
    }
    public static void main(String[] args)
    {
        int i=0;
        for(fun('a');fun('b')&&(i<2);fun('c')) {
            i++;
            fun('d');
        }
    }
}
```

7.
```java
int   x=0,y=4,z=5;
if(x>2){
    if(y<5){
        System.out.println("Message 1") ;
    }
    else{
        System.out.println("Message 2") ;
    }
else if(z>5){
    System.out.println("Message 3") ;
}
else{
    System.out.println("Message 4") ;
}
```

8.
```java
int j=2;
switch(j) {
    case 2:
        System.out.print("two");
    case 2+1:
        System.out.println("three");
        break;
    Default:
        System.out.println(j);
        break;
}
```

四、程序设计题

1. 请编写程序，要求采用循环语句，在屏幕上输出如下图案。

```
        *
      * * *
    * * * * *
  * * * * * * *
```

2. 编写程序，通过循环生成如下所示的图案。

```
        A
      B   C
    D   E   F
  G   H   I   J
  K   L   M   N
    O   P   Q
      R   S
        T
```

3. 请编写一个程序，计算并输出 "1 + 2+…+ 2008" 的结果。

4. 在程序中直接给定一个正整数 n（如 n=201），计算并输出小于 n 的最大素数。

5. 请编写程序输出 1000 以内的所有素数。

6. 请编写一个 Application 实现如下功能：在主类中定义方法 f1(int n)和方法 f2(int n)，它们的功能均为求 n!，方法 f1( )用循环实现，方法 f2( )用递归实现。在主方法 main( )中，以 4 为实参分别调用方法 f1( )和方法 f2( )，并输出调用结果。

7. 请编写一个 Application 实现如下功能：接受命令行中给出的三个参数 x1、x2 和 op。其中，x1 和 x2 为 float 型数，op 是某个算数运算符（+、-、*、/之一），请以如下形式输出 x1 和 x2 执行 op 运算后的结果(假设 x1 的值为 656,x2 的值为 33,op 为运算符-): 656-33=623。

第4章　方 法

方法是一段用来完成特定功能的代码片段。方法在其他语言中又称函数。在 Java 中，方法必须放在类中。在面向对象当中方法是类的动态属性，对象的行为是由方法来实现的。一个对象可以通过调用另一个对象的方法来访问该对象。在一定条件下，同一个类中不同的方法之间可以相互调用。在方法声明时，通过修饰符可以对方法访问实施控制。在方法中，可以对类的成员变量进行访问，但不同类型的方法对不同类型的成员变量的访问是有限制的。

4.1 方法声明

在一个类中可声明多个方法。方法的声明格式如下：

[修饰 1 修饰 2 ...] 返回值类型 方法名(形参类型 1　变量名 1,形参类型 2　变量名 2,...)
{
　　程序代码;
　　return 返回值;
}

说明：

① 形式参数（形参）：在方法被调用时用于接收外界输入的数据。形参中的变量在方法中以局部变量的形式使用。

② 实际参数（实参）：调用方法时实际传给方法的数据。

③ 返回值类型：方法运行结束之后，一般返回给调用者运行结果，返回值类型就是运行结果的数据类型。若一个方法没有返回值，必须给出返回值类型 void。

④ 返回值：方法在执行完毕后返还给调用者的具体数据，该数据的数据类型必须与返回值类型匹配。

⑤ return 语句终止方法的运行并指定要返回的数据。如果返回值类型为 void，则可以直接写 return 而无须返回值，也可以省略 return 语句。

⑥ 方法碰到 return 会自动结束，并把返回值（如果有）返回给调用者。如果方法的返回值为 void，并且省略了 return 语句，则方法会执行到最后一行代码后自动结束。

例如：

```
public void fun(int a,int b)
{
    //具体代码
    return;
}
```

方法签名（Method Signature）指方法名称、参数类型和参数数量。一个类中不能包含具有相同签名的多个方法。

方法头中声明的变量称为形参（Formal Parameter）。当调用方法时，可向形参传递一个值，这个值称为实参（Actual Parameter / Argument）。形参可以使用 final 进行修饰，表示方法内部不允许修改该参数。

方法可以有一个返回值（Return Value）。如果方法没有返回值，则返回值类型为 void。

4.2 方法调用

Java 中使用下述形式调用方法：

对象变量名.方法名(实参列表);

说明：

① 调用同一个类中的方法，直接使用方法名就可以。

② 实参的数目、数据类型和次序必须和所调用方法声明的形参列表匹配。

③ 调用方法时要观察方法的三要素：方法名、参数列表、返回值类型。

④ 可以用合适的变量去接收方法的返回值。

声明方法只给出方法的定义。要执行方法，必须调用（call/invoke）方法。如果方法有返回值，通常将方法调用作为一个值来处理（可放在一个表达式里）。例如：

```
int large=max(3,4);
System.out.println(max(3,4));
```

如果方法没有返回值，方法调用必须是一条语句。例如：

```
System.out.println("Welcome to Java! ");
```

当调用方法时，程序控制权转移至被调用的方法。当执行 return 语句或到达方法结尾时，程序控制权转移至调用者。

如果是当前类中的静态方法，可以直接调用。其他类中的静态方法需要通过类名调用。

每当调用一个方法时，系统将参数、局部变量存储在一个内存区域中，这个内存区域称为调用堆栈（Call Stack）。当方法结束返回到调用者时，系统释放相应的内存。其中内存分配情况如图 4-1 所示。

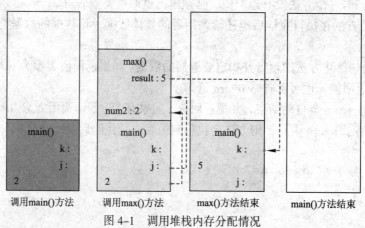

图 4-1　调用堆栈内存分配情况

4.3　参 数 传 递

方法数据传递的方式主要有以下三种：值传递方法、引用传递方法、返回值方法。

1. 值传递方法

值传递是将调用方法的实参的值计算出来赋予被调用方法对应形参的一种数据传递方法。在这种数据传递方法下，被调用方法对形参的计算和加工与对应的实参已完全脱离关系。当被调方法执行结束后，形参中的值可能发生变化，但是返回后，这些形参中的值将不会带到对应的实参中。因此，这种传递方式具有数据的单向传递的特点。

使用此方法时，形参一般是基本类型的变量，实参可以是变量或常量，也可以是表达式。下面举例说明。

```java
public class ValuePassDemo {
    public static void test(int i) {
        i++;
        System.out.println("test()方法中 i="+i);
    }
    public static void main(String[] args) {
        int i=5;
        test(i);
        System.out.println("main()方法中 i="+i);
    }
}
```

输出结果如下：

```
test()方法中 i=6
main()方法中 i=5
```

说明：

test()方法中参数 x 是基本数据类型，因此在 main()方法调用过程中通过值传递来实现对方法 test()的参数赋值，但是由于是值传递，所以尽管 test()方法中参数 x 发生了变化，但是不会影响调用此方法，也就是 main()方法中的实参 x 的值。所以，不管有没有调用 test()方法，实参 x 的值都是 5。

2. 引用传递方法

使用引用传递方法时，方法的参数类型一般是复合类型（引用类型）。复合类型变量中存储的是对象的引用，所以在参数传递中是传递引用，形参和实参实际上指向的是同一地址单元，因此任何对形参的改变都会影响到对应的实参。因此，这种传递方式具有"引用的单向传送，数据的双向传送"的特点。

下面举例说明。

```java
public class ReferencePassDemo {
    public static void test(int[] arr) {
        arr[0]++;
        System.out.println("test()方法中 arr[0]="+arr[0]);
```

```
    }
    public static void main(String[] args) {
        int[] arr={1,2,3,4,5};
        test(arr);
        System.out.println("main()方法中 arr[0]="+arr[0]);
    }
}
```

输出结果是：

test()方法中 arr[0]=2

main()方法中 arr[0]=2

说明：

test()方法参数是整型数组，是引用类型变量。因此，在 main()方法调用过程中通过引用传递来实现对方法 test()的参数赋值，但是由于是引用传递，其实传递就是数组的地址，也就是 test()方法的数组 arr 和 mian()方法的数组 arr 指向的是同一个对象，所以 test()方法中参数 x 发生了变化，会影响调用此方法，也就是 main()方法中的 arr 的值。所以，调用 test()方法，实参 arr[0]的值从 1 变成 2。

3. 返回值方法

返回值方法不是在形参和实参之间传递数据，而是被调方法通过方法调用后直接将返回值送到调用方法中。使用返回值方法时，方法的返回值类型不能为 void，且方法体中必须有带表达式的 return 语句，其中表达式的值就是方法的返回值。

下面举例说明。

```
public class ReferencePassDemo {
    public static int test(int i) {
        return ++i;
    }
    public static void main(String[] args) {
        int i=5;
        System.out.println("main()方法中 i="+test(i));
    }
}
```

输出结果是：

main()方法中 i=6

4.4 方法重载

方法的重载（Overloading）指的是一个类中可以定义有相同的名字、但参数列表不同的多个方法。当调用方法时，Java 编译器会根据实参的个数和类型寻找最准确的方法进行调用。调用可能匹配的方法多于一个，则会产生编译错误，称为歧义调用（Ambiguous Invocation）。参数列表是指参数的类型、个数或顺序。类中定义的普通方法、构造方法都可以重载。

重载的两个要素：方法名相同、参数列表不同，与返回值类型没有关系。

例如：

与 void show(int a,char b double c){...}方法重载的方法。

A.　　void show(int x char y,double z){...}　　//不是

B.　　int show(int a,double c,char b){...}　　//是

C.　　void show(int a,double c,char b){...}　　//是

D.　　void show(int c,char b){...}　　//是

E.　　void show(double c){...}　　//是

F.　　double show(int x,char y,double z){...}　　//不是

4.5 局 部 变 量

方法内部声明的变量称为局部变量（Local Variable）。变量的作用域（Scope）指程序中可以使用该变量的部分。局部变量的作用域从它的声明开始，直到包含该变量的程序块结束。局部变量在使用前必须先赋值。在方法中，可以在不同的非嵌套程序块中以相同的名称多次声明局部变量；但不能在嵌套的程序块中以相同的名称多次声明局部变量。在 for 语句的初始部分声明的变量，作用域是整个循环。在 for 语句循环体中声明的变量，作用域从变量声明开始到循环体结束。

例如：

```java
public class TestLocalVariable {
    public static void method1() {
        int x=1;
        int y=1;
        for(int i=1;i<10;i++) {
            x+=i;
        }
        for (int i=1;i<10;i++) {
            y+=i;
        }
    }
    public static void method2() {
        int i=1;
        int sum=0;
        for(int i=1;i<10;i++) {
            sum+=i;
        }
    }
}
```

说明：method1 方法中定义的局部变量 x、y 的作用域是整个 method1 方法体内（从定义的位置开始），两个 for 循环中的局部变量 i 分别作用域是各自的循环体内。x、y 不可以在 method2 中使用。

4.6 包

4.6.1 package 语句

在 Java 中，通过 package 语句来引入包。包的概念和目的都与其他语言的函数库类似，所不同的只是包是一组类的集合，可以包含若干个类文件，还可包含若干个包。包有助于将相关的源代码文件组织在一起，有利于划分名称空间，避免类名冲突，也有利于提供包一级的封装及存取权限。常见的包如下所示。

Java.lang：提供基本数据类型及操作。

Java.util：提供高级数据类型及操作。

Java.io：提供输入/输出流控制。

Java.awt：提供图形窗口界面控制。

Java.awt.event：提供窗口事件处理。

Java.net：提供支持 Internet 协议的功能。

Javaapplet：提供实现浏览器环境中的 Applet 的有关类和方法。

Java.sql：提供与数据库连接的接口。

Java.mi：提供远程连接与载入的支持。

Java.security：提供安全性方面的有关支持。

1. 包的声明

包的声明格式如下所示：

```
package 包名；
```

包语句一般在类文件开头，如下所示：

```
package mypack;
class C
{…}
```

省略了 package 语句，源文件中所定义命名的类被隐含地认为是无名包的一部分，即源文件中定义命名的类在同一包中，但该包没有名字。

2. 包与文件夹

Java 使用文件系统来存储包和类。包名就是目录名（也称文件夹名），但目录名并不一定是包名。为了声明一个包，首先必须建立一个相应的目录结构，目录名与包名一致。在类文件的开头部分放入包语句后，这个类文件中定义的所有类都被装入到包中 。

用 Javac 编译源程序时，如遇到当前目录（或包）中没有声明的类，就会以环境变量 classpath 为相对查找路径，按照包名的结构来查找。因此，要指定搜寻包的路径，需设置环境变量 classpath。采用 Eclipse 作为 IDE 则不会出现这种情况。

4.6.2　import 语句

1. 说明

使用 import 语句可以引入包中的类。在编写源文件时，除了自己编写类外，还可以使用 Java 提供的类。

2. 使用类库中的类

使用包 Java.awt 中所有的类和接口，"*"表示导入包下所有的类和接口。如下所示：

```
import Java.awt.*;
```

使用包 Java.awt 中的 Date 类，如下所示：

```
import Java.awt.Date;
```

Java.lang 包中所有的类由系统自动引入。

Java 类库被包含在目录\jre\lib 中的压缩文件 rt.jar 中，当程序执行时，Java 运行平台从类库中加载程序真正使用的类字节码到内存。

3. 使用自定义包中的类

示例代码如下：

```
import xxx.yyy.zzz.*;
```

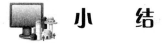 小   结

本章重点介绍方法。

为了提高代码的复用性，可以将其定义成一个单独的功能，该功能的体现就是 Java 中的方法。

1. Java 中的方法的定义格式

```
修饰符 返回值类型 方法名 (参数类型 形式参数1,参数类型 形式参数2,…) {
    执行语句；
    return 返回值；
}
```

当方法没有具体的返回值时，返回的返回值类型用 void 关键字表示。

当方法的返回值类型是 void 时，return 语句可以省略不写，系统会自动加上。

return 的作用：结束方法。

2. 定义方法

方法其实就是一个功能，定义方法就是实现功能，通过两个明确来完成：

① 明确该功能运算完的结果，其实是在明确这个方法的返回值类型。

② 明确在实现该功能的过程中是否有未知内容参与了运算，其实是在明确这个方法的参

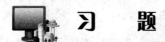

数列表（参数类型&参数个数）。

3. 方法的作用

① 用于定义功能。
② 用于封装代码，以提高代码的复用性。

注意： 方法中只能调用方法，不能定义方法。

4. 主方法

① 保证该类的独立运行。
② 它是程序的入口。
③ 它在被 jvm 调用。

5. 方法定义名称的原因

① 为了对该功能进行标示，以便于调用。
② 为了通过名称就可以明确方法的功能，以增加代码的阅读性。

6. 重载的定义

在一个类中，如果出现了两个或者两个以上的同名方法，只要它们的参数个数或者参数类型不同，即可称之为该方法重载了。

如何区分重载：当方法同名时，只看参数列表，和返回值类型没关系。

习　　题

一、选择题

1. 与方法 public void method(char a){...}重载的方法是（　　　）。
   A. public int method(char a){...}
   B. private void method(char a){...}
   C. public void method(char c){...}
   D. public void method(char a,int c){...}
2. 以下关于方法参数的说法不能保证重载的是（　　　）。
   A. 参数顺序不同
   B. 参数个数不同
   C. 参数变量字母不同
   D. 参数类型不同
3. 下面对方法的作用描述不正确的是（　　　）。
   A. 使程序结构清晰
   B. 功能复用
   C. 代码简洁
   D. 重复代码
4. 方法内定义的变量（　　　）。
   A. 一定在方法内所有位置可见
   B. 可能在方法内的局部位置可见
   C. 在方法外可以使用
   D. 在方法外可见

5. 方法的形参（　　）。

    A. 可以没有　　　　　　　　　　　　B. 至少有一个

    C. 必须定义多个形参　　　　　　　　D. 只能是简单变量

6. 方法的调用（　　）。

    A. 必须是一条完整的语句　　　　　　B. 只能是一个表达式

    C. 可能是语句，也可能是表达式　　　D. 必须提供实参

7. return 语句（　　）。

    A. 不能用来返回对象　　　　　　　　B. 只可以返回数值

    C. 方法都必须含有　　　　　　　　　D. 一个方法中可以有多个 return 语句

8. void 的含义是（　　）。

    A. 方法体为空　　　　　　　　　　　B. 方法体没有意义

    C. 定义方法时必须使用　　　　　　　D. 方法没有返回值

9. main()方法的返回类型是（　　）。

    A. boolean　　　　　B. int　　　　　　C. void　　　　　　D. static

10. 下面的方法声明中，正确的是（　　）。

    A. public class methodName(){}　　　　B. public void int methodName(){}

    C. public void methodName(){}　　　　D. public void methodName{}

11. 类 Test1 定义如下：

```
public class Test1{
    public float aMethod(float a,float b){ }
    (  )
}
```

    以下（　　）方法插入是不合法的。

    A. public float aMethod(float a, float b,float c){ }

    B. public float aMethod(float c,float d){ }

    C. public int aMethod(int a, int b){ }

    D. public int aMethod(int a,int b,int c){ }

12. 用来导入已定义好的类或包的语句是（　　）。

    A. main　　　　　　B. import　　　　　C. public class　　　D. class

13. 利用方法中的（　　）语句可为调用方法返回一个值。

    A. return　　　　　　　　　　　　　B. back

    C. end　　　　　　　　　　　　　　D. 以上答案都不对

14. （　　）将被传送至一个被调用的方法。

    A. 返回值　　　　　B. 返回类型　　　　C. 参数表　　　　　D. 参数列表

15. 方法的参数可以是（　　）。

    A. 常量　　　　　　　　　　　　　　B. 表达式

    C. 变量　　　　　　　　　　　　　　D. 以上答案都对

16. （　　）是位于方法头中的一个以逗号分隔的声明列表。

    A. 参数表　　　　　B. 参数列表　　　　C. 值表　　　　　　D. 变量表

17. 方法的定义是由（　　　）组成的。

    A. 一个方法   B. 一个方法体

    C. 一对花括号   D. 以上答案都对

18. 在方法调用过程中，位于方法名之后圆括的变量称为（　　　）。

    A. 变元   B. 参数   C. 语句   D. 声明

19. 一条 return 语句将给调用程序返回（　　　）个值。

    A. 0   B. 1   C. 任意数量   D. A 和 B

20. 方法的第一行称为方法的（　　　）。

    A. 方法体   B. 标题   C. 调用者   D. 方法头

21. 实例变量的作用域整个的（　　　）。

    A. 语句块   B. 方法

    C. 类   D. 以上答案都不对

22. 在某个方法内部定义的变量称为（　　　）。

    A. 实例变量   B. 局部变量   C. 类变量   D. 隐藏变量

23. 当方法内传递一个参数时，将该参数值的一个拷贝传递给方法的传递方式称为（　　　）。

    A. 调用传递   B. 值传递   C. 引用传递   D. 方法传递

24. 当一个变量在应用程序的整个生命周期中被使用，且整个过程中的其他值也不能被改变时，那么将其声明为一个（　　　）。

    A. 局部变量   B. 常量

    C. 实例变量   D. 以上答案都不对

二、填空题

1. 方法声明包括_____和_____两部分。

2. 方法头确定方法的_____，形式参数的名字和_____、_____的类型。

3. _____由包括在花括号内的声明部分和语句部分组成，描述方法的功能。

4. 包主要来解决_____的问题。

三、程序填空题

1. 阅读下列程序，写出程序的运行结果。

```
public class Test1{
    public static void main( String[] args ){
        int i1=1234,i2=456,i3=-987;
        System.out.println("三个数的最大值: "+    );
    }
    public static  int max(int x,int y,int z)
    {  int temp1,max_value;
        temp1=x>y?x:y;
        max_value=temp1>z?temp1:z;
        return max_value;
    }
}
```

程序运行结果为：_____。

2. 阅读下列程序，写出程序的运行结果。

```java
public class Test2 {
    static int i=123;
    public static void main(String[] args) {
        int i=456;
        System.out.println("main() 中的 i="+i);
        m1();
        m2();
    }
    static void m1() {
        int i=789;
        System.out.println("m1() 中的 i="+i);
    }
    static void m2() {
        System.out.println("类变量 i="+i);
        i+=6;
        System.out.println("加 6 后的类变量 i="+i);
    }
}
```

程序运行结果为：_____。

3. 阅读下列程序，写出程序的运行结果。

```java
public class Test3{
    public static void main(String[] args) {
        int a=3;
        char m='a';
        prt("m in main="+m);
        prt("a in main="+a);
        prt("return from test2 : "+test2());
        prt("m + a="+test1(m,a));
    }
    static float test1(char x,int y) {
        int z=x+y;
        return z;
    }
    static float test2() {
        int a=60;
        for(int i=8;i<12;i++)
        a=a+i;
        prt("a in test2 is:"+a);
        return a;
    }
    static void prt(String s) {
        System.out.println(s);
    }
}
```

程序运行结果为：_____。

四、编程题

1. 写一个方法，计算一个整数数组的平均值。

2. 给定一个数组，把这个数组中所有元素顺序进行颠倒。

3. 编写程序，定义三个重载方法并调用。方法名为 printM，三个方法分别接收一个 int 参数、两个 int 参数、一个字符串参数。第一个方法执行平方运算并输出结果，第二个方法执行相乘并输出结果，第三个方法执行输出字符串信息。在主类的 main() 方法中分别用参数区别调用三个方法。

4. 编写程序，声明一个 method() 方法，在方法中打印一个 10×8 的矩形，在 main() 方法中调用该方法。再声明一个方法 method2()，在方法中打印一个 n×m 的矩形，在 main() 方法中调用该方法。再声明一个方法 method3()，在方法中打印一个 n×m 的矩形，打印完后计算矩形的周长并返回，在 main() 方法中调用该方法。

5. 用两个方法打印出 200 以内的全部素数（一个是 main() 方法，一个是专门判定一个数是否为素数的方法）。

6. 编程产生 100 个 1~6 之间的随机数，统计 1~6 每个数出现的概率。

7. 已知斐波那契数列的表达式为

```
fibonacci(n)=n,        n=0,1;
fibonacci(n)=fibonacci(n-1)+fibonacci(n-2),    n>=2;
```

用递归方法计算 Fibonacci 序列，并打印出其前 15 项的值。

第5章 数组与字符串

数组和字符串在计算机语言中应用非常广泛。在 Java 中，数组和字符串是作为一种类的形式来应用的。Java 中的多数组是元素为数组的数组，既可以定义矩阵数组，也可以定义非矩阵数组。Java 中有两种类型的字符串：

① String 类用于存储和处理字符串常量，创建以后不需要修改。

② StringBuffer 类和 StringBuilder 类用于存储和操作字符串变量，可以对其进行修改。

5.1 数 组

数组（Array）是相同类型变量的集合，可以使用共同的名字引用它。数组可被定义为任何类型，可以是一维或多维。数组中的一个特别要素是通过下标来访问它。数组提供了一种将有联系的信息分组的便利方法。如果熟悉 C/C++，请注意，Java 数组的工作原理与它们不同。

5.1.1 一维数组

一维数组（One-dimensional Array）实质上是相同类型的变量列表。要创建一个数组，必须首先定义数组变量所需的类型。

通用的一维数组的声明格式是：

```
Type  arrayName[ ];
```

或者

```
Type [ ] arrayName;
```

其中，Type 定义了数组的基本类型。基本类型决定了组成数组的每一个基本元素的数据类型。这样，数组的基本类型决定了数组存储的数据类型。例如，下面的例子定义了数据类型为 int，名为 month_days 的数组：

```
int month_days[];
```

尽管该例子定义了 month_days 是一个数组变量的事实，但实际上没有数组变量存在。事实上，month_days 的值被设置为空，它代表一个数组没有值。为了使数组 month_days 成为实际的、物理上存在的整型数组，必须用运算符 new 来为其分配地址并把它赋给 month_days。运算符 new 是专门用来分配内存的运算符。

当运算符 new 被应用到一维数组时，它的一般形式如下：

```
array-var = new type[size];
```

其中，type 指定被分配的数据类型，size 指定数组中变量的个数，array-var 是被链接到数组的数组变量。也就是，使用运算符 new 来分配数组，必须指定数组元素的类型和数组元素的个数。用运算符 new 分配数组后，数组中的元素将会被自动初始化为零。下面的例子分配了一个 12 个整型元素的数组并把它们和数组 month_days 链接起来：

```
month_days = new int[12];
```

通过这个语句的执行，数组 month_days 将会指向 12 个整数，而且数组中的所有元素将被初始化为零。回顾一下上面的过程：获得一个数组需要两步。第一步，必须定义变量所需的类型。第二步，必须使用运算符 new 来为数组所要存储的数据分配内存，并把它们分配给数组变量。这样，Java 中的数组被动态地分配。一旦分配了一个数组，就可以在方括号内指定它的下标来访问数组中特定的元素。

所有的数组下标从零开始。例如，下面的语句将值 28 赋给数组 month_days 的第二个元素：

```
month_days[1] = 28;
```

下面的程序显示存储在下标为 3 的数组元素中的值：

```
System.out.println ( month_days [ 3 ]);
```

综上所述，下面程序定义的数组存储了每月的天数：

```
//Demonstrate a one-dimensional array.
class Array {
    public static void main(String[] args) {
        int month_days[];
        month_days=new int[12];
        month_days[0]=31;
        month_days[1]=28;
        month_days[2]=31;
        month_days[3]=30;
        month_days[4]=31;
        month_days[5]=30;
        month_days[6]=31;
        month_days[7]=31;
        month_days[8]=30;
        month_days[9]=31;
        month_days[10]=30;
        month_days[11]=31;
        System.out.println("April has "+month_days[3]+" days.");
    }
}
```

当运行这个程序时，它打印出 4 月份的天数。如前面提到的，Java 数组下标从零开始，因此 4 月份的天数数组元素为 month_days[3]或 30。可以将对数组变量的声明和对数组本身的分配结合起来，如下所示：

```
int month_days[] = new int[12];
```

这是通常编写 Java 程序的专业做法。数组可以在声明时被初始化。这个过程和简单类型初始化的过程一样。数组的初始化（Array Initializer）是包括在花括号之内用逗号分开的表达式的列表。逗号分开了数组元素的值。Java 会自动地分配一个足够大的空间来保存指定的初始化元素的个数，而不必使用运算符 new。例如，为了存储每月中的天数，下面的程序定义了一个初始化的整数数组：

```
//An improved version of the previous program.
class Auto Array {
    public static void main(String args[]) {
        int month_days[]={ 31,28,31,30,31,30,31,31,30,31,30,31 };
        System.out.println("April has "+month_days[3]+" days.");
    }
}
```

当运行这个程序时，会看到它和前一个程序产生的输出一样。

Java 严格地检查以保证不会意外地去存储或引用数组范围以外的值。Java 的运行系统会检查以确保所有的数组下标都在正确的范围以内（在这方面，Java 与 C/C++从根本上不同，C/C++不提供运行边界检查）。例如，运行系统将检查数组 month_days 的每个下标的值以保证它包括在 0~11 之间。如果企图访问数组边界以外（负数或比数组边界大）的元素，将引起运行错误。

下面的例子运用一维数组来计算一组数字的平均数：

```
//Average an array of values.
class Average {
    public static void main(String[] args) {
        double nums[]={10.1,11.2,12.3,13.4,14.5};
        double result=0;
        int i;
        for(i=0;i<5;i++)
        result=result+nums[i];
        System.out.println("Average is "+result/5);
    }
}
```

5.1.2　多维数组

在 Java 中，多维数组（Multidimensional Arrays）实际上是数组的数组。定义多维数组变量要将每个维数放在它们各自的方括号中。例如，下面的语句定义了一个名为 X 的二维数组变量：

```
int X[][]=new int[3][4];
```

该语句分配了一个 3 行 4 列的数组，并把它分配给数组 X。实际上这个矩阵表示了 int 类型的数组的数组被实现的过程。

下列程序从左到右、从上到下为数组的每个元素赋值，然后显示数组的值：

```
//Demonstrate a two-dimensional array.
class XArray {
    public static void main(String[] args) {
        int X[][]=new int[3][4];
        int i,j,k=0;
        for(i=0;i<3;i++)
          for(j=0;j<4;j++) {
            X[i][j]=k;
            k++;
          }
        for(i=0;i<4;i++) {
          for(j=0;j<5;j++)
```

```
        System.out.print(X[i][j]+" ");
        System.out.println();
      }
    }
}
```

程序运行结果如下：

```
0 1 2 3 4
5 6 7 8 9
10 11 12 13 14
15 16 17 18 19
```

当给多维数组分配内存时，只需指定第一个（最左边）维数的内存即可。可以单独地给余下的维数分配内存。例如，下面的程序在数组 X 被定义时给它的第一个维数分配内存，对第二维则是手工分配地址：

```
int X[][]=new int[4][];
X[0]=new int[5];
X[1]=new int[5];
X[2]=new int[5];
X[3]=new int[5];
```

尽管在这种情形下单独地给第二维分配内存没有什么优点，但在其他情形下就不同了。例如，当手工分配内存时，不需要给每个维数相同数量的元素分配内存。如前所述，多维数组实际上是数组的数组，每个数组的维数在控制之下。例如，下列程序定义了一个二维数组，它的第二维的大小是不相等的：

```
//Manually allocate differing size second dimensions.
class XAgain {
    public static void main(String[] args) {
        int X[][]=new int[4][];
        X[0]=new int[1];
        X[1]=new int[2];
        X[2]=new int[3];
        X[3]=new int[4];
    int i,j,k=0;
        for(i=0;i<4;i++)
          for(j=0;j<i+1;j++) {
              X[i][j]=k;
              k++;
          }
        for(i=0;i<4;i++) {
          for(j=0;j<i+1;j++)
              System.out.print(X[i][j]+" ");
          System.out.println();
        }
    }
}
```

该程序的输出如下：

```
0
1 2
```

```
3 4 5
6 7 8 9
```

对于大多数应用程序，不推荐使用不规则多维数组，因为它们的运行与人们期望的相反。但是，不规则多维数组在某些情况下使用效率较高。例如，如果需要一个很大的二维数组，而它仅仅被稀疏地占用（即其中一维的元素不是全被使用），这时不规则数组可能是一个完美的解决方案。

初始化多维数组是可能的。初始化多维数组只不过是把每一维的初始化列表用它自己的花括号括起来。下面的程序产生一个矩阵，该矩阵的每个元素包括数组下标的行和列的积：

```java
//Initialize a two-dimensional array.
class Matrix {
    public static void main(String[] args) {
        double m[][]={
            { 0*0,1*0,2*0,3*0 },
            { 0*1,1*1,2*1,3*1 },
            { 0*2,1*2,2*2,3*2 },
            { 0*3,1*3,2*3,3*3 }
        };
        int i,j;
        for(i=0;i<4;i++) {
            for(j=0;j<4;j++)
                System.out.print(m[i][j]+" ");
            System.out.println();
        }
    }
}
```

运行上述程序，得到下面的输出：

```
0.0  0.0  0.0  0.0
0.0  1.0  2.0  3.0
0.0  2.0  4.0  6.0
0.0  3.0  6.0  9.0
```

可以看到，数组中的每一行就像初始化表指定的那样被初始化。下面再看一个使用多维数组的例子。下面的程序首先产生一个 $3 \times 4 \times 5$ 的 3 维数组，然后装入用它的下标之积生成的每个元素，最后显示了该数组：

```java
//Demonstrate a three-dimensional array.
class three DMatrix {
    public static void main(String[] args) {
        int three D[][][]=new int[3][4][5];
        int i,j,k;
        for(i=0;i<3;i++)
            for(j=0;j<4;j++)
                for(k=0;k<5;k++)
                    three D[i][j][k]=i*j*k;
        for(i=0;i<3;i++) {
            for(j=0;j<4;j++) {
                for(k=0;k<5;k++)
```

```
        System.out.print(three D[i][j][k]+" ");
      System.out.println();
    }
    System.out.println();
  }
}
```

该程序的输出如下：

```
0 0 0 0 0
0 0 0 0 0
0 0 0 0 0
0 0 0 0 0
0 0 0 0 0
0 1 2 3 4
0 2 4 6 8
0 3 6 9 12
0 0 0 0 0
0 2 4 6 8
0 4 8 12 16
0 6 12 18 24
```

5.2 字符串相关类

String 类和 StringBuffer 类主要用来处理字符串，这两个类提供了很多字符串的实用处理方法。String 类是不可变类，一个 String 对象所包含的字符中内容永远不会被改变；而 StringBuffer 类是可变类，一个 StringBuffer 对象所包含的字符中内容可以被添加或修改。

5.2.1 String 类

前面关于数据类型和数组的讨论中没有提到字符串或字符串数据类型。这不是因为 Java 不支持这样一种类型，而是因为 Java 的字符串类型叫做字符串（String），它不是一种简单的类型，也不是简单的字符数组（在 C/C++中是）。字符串在 Java 中被定义为对象，要完全理解它需要理解几个和对象相关的特征。因此，有关字符串的讨论被放到本书的后面，在对象被描述后再进行介绍。但是，为了在例子程序中使用简单的字符串，下面简单地按顺序介绍。

字符串类型被用来声明字符串变量。可以定义字符串数组。一个被引号引起来的字符串字面量可以被分配给字符串变量。一个字符串类型的变量可被分配给另一个字符串类型的变量。可以像用方法 println() 的参数一样用字符串类型。例如，考虑下面的语句：

```
String str="this is a test";
System.out.println(str);
```

这里，str 是字符串类型的一个对象，它被分配给字符串"this is a test"，该字符串被 println() 语句显示。

字符串对象有许多特别的特征和属性，这使得它们的功能非常强大，而且易用。然而，暂时只能用它们最简单的形式。

String 是不可变类，即一旦一个 String 对象被创建，包含在这个对象中的字符序列是不可改变的，直至该对象被销毁。String 类是 final 类，不能有子类。

1. 创建字符串对象

（1）使用 new 关键字

例如：

```
String s1=new String("ab");
```
（2）使用字符串常量直接赋值

例如：

```
String s2="abc";
```
（3）使用"+"运算符进行字符串连接

例如：

```
String s3="abc"+"d";
String s4=s3+5;  //abcd5
```

Java 运行时会维护一个 String Pool（String 池），也叫"字符串缓冲区"。String 池用来存放运行时中产生的各种字符串，并且池中字符串的内容不重复。而一般对象不存在这个缓冲池，并且创建的对象仅仅存在于方法的堆栈区。

String 对象的创建很讲究，关键是要明白其原理。

原理 1：当使用任何方式来创建一个字符串对象 s 时，Java 运行时会根据这个 s 在 String 池中找是否存在内容相同的字符串对象，如果不存在，则在池中创建一个字符串 s，否则，不在池中添加。

原理 2：Java 中，只要使用 new 关键字来创建对象，则一定会（在堆区）创建一个新的对象。

原理 3：使用直接指定或者使用纯字符串串联来创建 String 对象，则仅仅会检查维护 String 池中的字符串，池中没有就在池中创建一个，有则不再创建，但绝不会在堆栈区再去创建该 String 对象。

原理 4：使用包含变量的表达式来创建 String 对象，则不仅会检查维护 String 池，而且会在堆栈区创建一个 String 对象，最后指向堆内存中的对象。

例如：

```
public class StringTest {
    public static void main(String[] args) {
        //在池中和堆中分别创建String对象"abc",s1指向堆中对象
        String s1=new String("abc");
        //s2直接指向池中对象"abc"
        String s2="abc";
        //在堆中新创建"abc"对象，s3指向该对象
        String s3=new String("abc");
        //在池中创建对象"ab" 和 "c"，并且s4指向池中对象"abc"
        String s4="ab" + "c";
        //c指向池中对象"c"
        String c="c";
        //在堆中创建新的对象"abc"，并且s5指向该对象
        String s5="ab" + c;
```

```
        System.out.println("------------实串-----------");
        System.out.println(s1==s2); //false
        System.out.println(s1==s3); //false
        System.out.println(s2==s3); //false
        System.out.println(s2==s4); //true
        System.out.println(s2==s5); //false
    }
}
```

2. String 类型常用方法

① String concat(String str)：在原有字符串的尾部添加参数字符串，返回一个新的字符串（总是堆内存中的对象），如果 str 的长度为 0，则返回原字符串。str 不能为空。

② String subString(int beginIndex)：获得从 beginIndex 开始到结束的子字符串。（包括 beginIndex 位置的字符）

③ public String toLowerCase()：把字符串中的英文字符全部转换为小写字符，返回值为转换后的新的字符串。

④ public String toUpperCase()：把字符串中的英文字符全部转换为大写字符，返回值为转换后的新的字符串。

⑤ public String trim()：把字符串中的收尾空白字符去掉。

⑥ public String replace(CharSequence target,CharSequence replacement)：使用指定的字面值替换序列替换此字符串所有匹配字面值目标序列的子字符串。

⑦ public String replace(char oldChar,char newChar)：返回一个新的字符串，它是通过用 newChar 替换此字符串中出现的所有 oldChar 得到的。

⑧ public String replaceAll(String regex,String replacement)：使用给定的 replacement 替换此字符串所有匹配给定的正则表达式的子字符串。

⑨ public replaceFirst(String regex,String replacement)：使用给定的 replacement 替换此字符串匹配给定的正则表达式的第一个子字符串。

⑩ public int length()：返回字符串字符的个数。shift"=="表示判断该两个字符串是否为同一对象，即在内存中的地址是否一样。如果一样则返回 true，否则返回 false。

⑪ boolean equals(Object anObject)：将此字符串与指定的对象比较。注意此时比较的是内容是否相等（字符串类对此方法进行了覆写）。

例如：
```
String s1=new String("abc");
String s2="abc";
```
则
```
s1==s2  //false
s1.equals(s2);  //true
```

⑫ boolean equalsIgnoreCase(String anotherString)：将此 String 与另一个 String 比较，不考虑大小写。

例如："abc". equalsIgnoreCase("AbC"); //true

⑬ int compareTo(String value)：按字典顺序比较两个字符串。如果两个字符串相等，则返回 0；如果字符串在参数值之前，则返回值小于 0；如果字符串在参数值之后，则返回值大于 0。

⑭ int compareToIgnoreCase(String val)：按字典顺序比较两个字符串，不考虑大小写。

⑮ boolean startsWith(String value)：检查一个字符串是否以参数字符串开始。

⑯ boolean endsWith(String value)：检查一个字符串是否以参数个字符串结束。

⑰ public int indexOf(int ch)：返回指定字符 ch 在此字符串中第一次出现处的索引值，如果未出现该字符，则返回−1。

⑱ public int indexOf(String str)：返回指定字符串 str 在此字符串中第一次出现处的索引值，如果未出现该字符串，则返回−1。

⑲ public int lastIndexOf(int ch)：返回指定字符 ch 在此字符串中最后一次出现处的索引值，如果未出现该字符，则返回−1。

⑳ public int lastIndexOf(String str)：返回指定字符串 str 在此字符串中最后一次出现处的索引值，如果未出现该字符串，则返回−1。

㉑ public char charAt(int index)：从指定索引 index 处提取单个字符，索引中的值必须为非负数。

㉒ 在 String 类中定义了一些静态的重载方法：

public static String valueOf(…)可以将基本类型数据、Object 类型转换为字符串。例如：

```
public static String valueOf(double d)    //把 double 类型数据转成字符串
public static String valueOf(Object obj) //调用 obj 的 toString()方法得到它的字符串
                                          //表示形式
```

㉓ 把任意对象、基本数据类型与一个空字符串相连接则可以直接转换成字符串，与上面效果相同。

5.2.2　StringBuffer 类

1. StringBuffer 引入

一个 String 对象的长度是固定的，不能改变它的内容，或者是附加新的字符到 String 对象中。

使用"+"来串联字符串可以达到附加新字符或字符串的目的，但同时会产生一个新的 String 对象。

如果程序对这种附加字符串的需求很频繁，系统会频繁地在内存中创建 String 对象，造成性能下降。所以，并不建议使用"+"来进行频繁地进行字符串串联，应该使用 java.lang. StringBuffer 类。

2. StringBuffer 的概念

StringBuffer 代表可变的字符序列。

StringBuffer 称为字符串缓冲区，它的工作原理是：预先申请一块内存，存放字符序列，如果字符序列满了，会重新改变缓存区的大小，以容纳更多的字符序列。StringBuffer 是可变对象，这个是与 String 的最大不同。

3. 创建 StringBuffer 对象

StringBuffer 可以理解为一个字符串容器，可以动态地改变容器中的内容。

StringBuffer 类的常用构造方法：

```
StringBuffer()
```

上述方法构造一个其中不带字符的字符串缓冲区，初始容量为 16 个字符。

```
StringBuffer(String str)
```

上述方法构造一个字符串缓冲区，并将其内容初始化为指定的字符串内容。

4. StringBuffer 常用方法

例如：

```java
public class TestStringBuffer{
    public static void main(String[] args) {
        StringBuffer sb=new StringBuffer("Java");
        sb.append(" action ");
        sb.append(1.0);
        sb.insert(5,"in ");
        String s=sb.toString();          //转换为字符串
        System.out.println(s);
    }
}
```

5.2.3 StringBuilder 类

StringBuilder 与 StringBuffer 的用法完全一致，唯一的区别是 StringBuffer 是线程安全的，而 StringBuilder 不是线程安全的。所以，StringBuilder 的性能要比 StringBuffer 好。单线程推荐使用 StringBuilder，多线程推荐使用 StringBuffer。

例如：

```java
public class TestStringBuffer{
    public static void main(String[] args) {
        StringBuilder sb=new StringBuilder("Java");
        sb.append(" action ");
        sb.append(1.0);
        sb.insert(5,"in ");
        String s=sb.toString();          //转换为字符串
        System.out.println(s);
    }
}
```

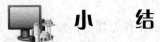

小　　结

数组用于存储同一类型的数据。好处：可以对该容器中的数据进行编号，从 0 开始。数组用于封装数据，就是一个具体的实体。

1. 在 Java 中表现一个数组

在 Java 中，一个数组的表现形式有下面几种：
元素类型[] 变量名=new 元素类型[元素的个数];
元素类型[] 变量名={元素 1,元素 2,...};
元素类型[] 变量名=new 元素类型[]{元素 1,元素 2,...};

2. Java 中用 String 类进行描述

Java 对字符串进行了对象的封装。这样的好处是可以对字符串这种常见数据进行方便的操作。对象封装后，可以定义众多属性和行为。

3. 定义字符串对象的方式

定义字符串对象的方式为：
String s="abc";
只要是双引号引起的数据都是字符串对象。特点：字符串一旦被初始化，就不可以被改变，存放在方法区中的常量池中。

4. StringBuffer 类

StringBuffer 类用于构造一个其中不带字符的字符串缓冲区,初始容量为 16 个字符。特点：
① 可以对字符串内容进行修改。
② 是一个容器。
③ 是可变长度的。
④ 缓冲区中可以存储任意类型的数据。
⑤ 最终需要变成字符串。

5. StringBuilder 类

JDK 1.5 出现 StringBuilder 类,用于构造一个其中不带字符的字符串生成器,初始容量为 16 个字符。该类被设计用作 StringBuffer 的一个简易替换,用在字符串缓冲区被单个线程使用的时候（这种情况很普遍）。

6. StringBuffer 和 StringBuilder 的区别

① StringBuffer 线程安全；StringBuilder 线程不安全。
② 单线程操作，使用 StringBuilder 效率高；多线程操作，使用 StringBuffer 安全。

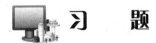 习　　题

一、选择题

1. 以下能够正确生成 5 个空字符串的是（　　　）。

    A. string a[]=new String[5]; for(int i=0;i<5;a[i++]=");

    B. String[5]a;

    C. string a[]=new String[5]; for(int i=0;i<5;a[i+++]=null) ;

    D. String a[5];

2. 以下能正确定义二维数组并正确赋初值的语句是（　　　　）。

    A. int n=5,b[n][n];　　　　　　　　　　B. int a[][];

    C. int c=[] ; new int({1,2} ,{3,4}) ;　　　D. int d[][]={{1,2,3},{4,5}}

3. 下面语句中语法正确的是（　　　　）。

    A. int a [] = {1, 2, 5};　　　　　　　　　B. int c[] = new[1, 2, 4,5];

    C. int c[] = new(1, 2, 3, 4);　　　　　　D. int c[] = new[5];

4. 下面语句中会发生编译错误的是（　　　　）。

    A. int[]a;　　　　　　　　　　　　　　　B. int[] b==new int[10];

    C. int c[] =new int[];　　　　　　　　　D. int d[] =null;

5. 下面语句中会发生编译错误的是（　　　　）。

    A. int[10]a;　　　　　　　　　　　　　B. int[10] b=new int[5];

    C. int c[10] =new int[10];　　　　　　　D. int d[10] =null;

6. 下面语句中有语法正确的是（　　　　）。

    A. int a={1, 2, 3, 4, 5};　　　　　　　B. int b=(1, 2, 3, 4, 5);

    C. int c[] ={1,2, 3, 4, 5};　　　　　　D. int [] d={1 2 3 4 5};

7. 设有定义语句 "int a[]={66,88,99};"，则以下对此语句的叙述错误的是（　　　　）

    A. 定义了一个名为 a 的一维数组　　　B. a 数组有 3 个元素

    C. a 数组的元素的下标为 1～3　　　　D. 数组中的每个元素是整数

8. 设有定义 "int[] a=new int[4];"，则数组 a 的所有元素是（　　　　）。

    A. a0、a1、a2、a3　　　　　　　　　B. a[0]、a[1]、a[2]、a[3]

    C. a[1]、a[2]、a[3]、a[4]　　　　　　D. a[0]、a[1]、a[2]、a[3]、a[4]

9. 下面能正确地声明一个字符串数组的是（　　　　）。

    A. char[] str　　　B. char[][] str　　　C. String[] str　　　D. String[10] str

10. 假设有这样的数组创建：int a[]={1,2,3,4,5,6,7};，则该数组长度为（　　　　）。

    A. 4　　　　　　　B. 5　　　　　　　C. 6　　　　　　　D. 7

11. 下列二维数组的创建中错误的是（　　　　）。

    A. int a[][]=new int[3][] ;　　　　　　B. int[][] a=new int[3][4] ;

    C. int a[][]={{1,2},{3,4}} ;　　　　　D. int [][] a=new int[][];

二、填空题

1. 用来取数组长度的方法是_____。

2. 在 Java 中，字符串是作为_____出现的。

3. 对象数组的长度在数组对象创建之后，就_____改变。数组元素的下标总是从_____
开始的。

4. 已知数组 a 的定义是 "int a[] = {1, 2, 3, 4, 5};",则这时 a[2] =_____。已知数组 b 的定义是 "int b[] =new int[5];",则这时 b[2]=_____。已知数组 c 的定义是 "Object[] c=new Object[5];",则这时 c[2] =_____。

5. 在 Java 中,字符串直接常量是用_____括起来的字符序列。字符串不是字符数组,而是类_____的实例对象。

6. 类 String 本身负责维护一个字符串池。该字符串池存放_____所指向的字符串实例,以及调用过类 String 成员方法_____后的字符串实例。

7. 定义一个整型数组 y,它有 5 个元素,分别是 1,2,3,4,5。用一个语句实现对数组 y 的声明、创建和赋值:_____。

8. 设有整型数组的定义:"int x[][]={{12,34},{-5},{3,2,6}};",则 x.length 的值为_____。

9. 求取二维数组 a[][]的第 i 行元素个数的表达式是_____。

10. 一个一维数组有 10 个元素,则该数组可用的下标范围是_____。

11. String S[]={"安徽","江苏","山东"}; ,则 S[1]的值是: _____。

12. 当声明一个数据组 int arr[]=new int[5];时,这代表这个数组所保存的变量类型是_____,数组元素下标的使用范围是_____。

13. 下面的程序片段被执行后,s2 的值是_____,s3 的值是_____,b 的值是_____。

```
class test{
    public static void main(String[] args){
        String s1="1234";
        String s2=s1.concat("5678");
        String s3=s1+"5678";
        boolean b=(s2==s3);
        system.out.println("b="+b) ;
    }
}
```

三、程序题

1. 写出下面程序的运行结果_____。

```
public class Test1{
    public static void main(String[] args) {
        int[] i=new int[10];
        boolean b[]=new boolean[4];
        System.out.println(i[2]==b[0]);
    }
}
```

2. 写出下面程序的运行结果_____。

```
public class Test2{
    public static void main(String[] args) {
        int[] i=new int[10];
        boolean b[]=new boolean[4];
        System.out.println(i[4]);
        System.out.println(b[1]);
```

```
        }
    }
```

3. 写出下面程序的运行结果_____。

```java
public class Test3{
    public static void main(String[] args) {
        int[] i=new int[10];
        boolean b[]=new boolean[4];
        System.out.println(i[10]);
        System.out.println(b[3]);
    }
}
```

4. 写出下面程序的运行结果_____。

```java
public class Test4{
    public static void main(String[] args) {
        int[] i=new int[10];
        i.length=4;
        System.out.println(i[3]);
    }
}
```

5. 写出下面程序的运行结果_____。

```java
public class Test5{
    public static void method5(String s) {
        s.replace('d', 'e');
        s+="4234";
    }
    public static void main(String[] args) {
        String str="abcd1234";
        method5(str);
        System.out.println(str);
    }
}
```

6. 写出下面程序的运行结果_____。

```java
public class Test6{
    public static void main(String[] args) {
        String str="abcd";
        System.out.println(str.charAt(2));
    }
}
```

7. 写出下面程序的运行结果_____。

```java
class Test7{
    public static void main(String[] args){
        String[] s={"1","2"};
        swap(s[0],s[1]);
        System. out. print(s[0]+s[1]);
    }
    static void swap(String s0,String s1){
```

```
            String t=s0;
            s0=s1;
            s1=t;
        }
    }
```

8. 写出下面程序的运行结果_____。

```
class Test8{
    public static void main(String[] args){
        System.out.print(1+2);
        System.out.print(1+2+"");
        System.out.print(1+""+2);
        System.out.print(""+1+2);
    }
}
```

9. 写出下面程序的运行结果_____。

```
class Test9{
    public static String str;
    public static void main(String[] args){
        String str1="abcd";
        String str2=str1;
        str2+="1234";
        str1.concat("5678");
        String str3=str1+"5678";
        System.out.println(str1+str2+str);
    }
}
```

10. 写出下面程序的运行结果_____。

```
class Test10{
    public static String str;
    public static void main(String[] args){
        String str0=" ";
        String str1=str0+str0+"ab"+str0+"cd"+str0+str0;
        String str2=str0+str0+"ef"+str0+"gh"+str0+str0;
        str1.concat(str2) ;
        str2==str1.trim();
        System.out.println(str1.length()+str2.length());
    }
}
```

11. 写出下面程序的运行结果_____。

```
class Test11{
    public static void main(String[] args){
        String s1="abc";
        String s2="def";
        s2.toUpperCase();
        s1.concat(s2);
```

```
        System.out.println(s1+s2);
    }
}
```

12. 写出下面程序的运行结果＿＿＿＿＿＿＿。

```
class Test12{
    public static void method1(String s,StringBuffer t){
        s=s.replace('j','i') ;
        t=t.append("C") ;
    }
    public static void main(String[] args){
        String a=new String("Java");
        StringBuffer b=new StringBuffer("Java");
        method1(a,b);
        System.out.println(a+b);
    }
}
```

13. 写出下面程序的运行结果＿＿＿＿＿＿＿。

```
class Test13{
    public static void method1(String x,String y) {
        x.concat(y);
        y=x;
    }
    public static void main(String[] args){
        String a=new String("A");
        String b=new String("B");
        method1(a,b);
        System.out.println(a+","+b);
    }
}
```

14. 写出下面程序的运行结果＿＿＿＿＿＿＿。

```
class Test14{
    public static void mcthod1(StringBuffer x,StringBuffer y){
    x.append(y) ;
    y=x;
    }
    public static void main(String[] args){
        StringBuffer a=new StringBuffer("A");
        StringBuffer b=new StringBuffer("B");
        method1(a,b);
        System.out.println(a+","+b) ;
    }
}
```

15. 写出下面程序的运行结果＿＿＿＿＿＿＿。

```
class Test15{
    public static void method1(String s,StringBuffer b){
        String s1=s.replace('1','9');
```

```
        String s2=s.replace('2','8');
        b.append("56");
    }
    public static void main(String[] args){
        String s=new String("12") ;
        StringBuffer b=new StringBuffer("34");
        method1(s,b);
        System.out.println(s+b);
    }
}
```

16. 写出下面程序的运行结果_____。

```
class Test16{
    public static void main(String[] args) {
        String s1=new String("Hello");
        String s2="Hello";
        String s3="Hello";
        System.out.println(s1==s2);
        System.out.println(s1.equals(s2));
        System.out.println(s2==s3);
        System.out.println(s2.equals(s3));
        String s4=s1;
        System.out.println(s1==s4);
        System.out.println(s1.equals(s4));
    }
}
```

17. 写出下面程序的运行结果_____。

```
class Test17{
    private static void printArray(int[] arr)    {
        for(int i=0;i<arr.length;i++)
            System.out.print(arr[i]+",");
        System.out.println("\n");
    }
    private static void changeValue(int value) {
        value*=2;
    }
    private static void changeValue(int[] arr) {
            for(int i=0;i<arr.length;i++)
                arr[i]*=2;
    }
    public static void main(String[] args) {
        int[] arr={1,2,3,4,5};
        changeValue(arr[0]);
        printArray(arr);
        changeValue(arr);
        printArray(arr);
    }
}
```

四、编程题

1. 编写程序输出乘法口诀表。

2. 编写程序实现一维数组的冒泡排序。

3. 编写一个 Java 程序，其中定义两个 double 类型数组 a 和 b，定义一个方法 Square()，数组 a 各元素的初值依次为 1.2，2.3，3.4，4.5，5.6；数组 b 各元素的初值依次为 9.8，8.7，7.6，6.5，5.4，4.3；方法 square() 的参数为 double 类型的数组，返回值为 float 型类的数组，功能是将参数各元素的平方作为返回数组的元素的值。请在方法 main( ) 中分别以 a 和 b 为实参调用方法 square( )，并将返回值输出在屏幕上。

4. 编写一个 Java 程序，实现如下功能：在主类中定义两个 double 类型数组 a 和 b，再定义一个方法 sqrt_sum()。数组 a 各元素的初值依次为 1.2，2.3，3.4，4.5，5.6；数组 b 各元素的初值依次为 9.8，8.7，7.6，6.5，5.4，4.3；方法 sqrt_sum() 的参数为 double 类型的数组，返回值类型为 float 型，功能是求参数各元素的平方根之和。在主方法 main() 中分别以 a 和 b 为实参调用方法 sqrt_sum()，并将返回值输出在屏幕上。

5. 编写一个 Java 程序，主类中包含以下两个自定义方法：void printA(int[] array) 和 int[] myArray(int n)。方法 printA(int[] array) 的功能是把参数数组各元素在屏幕的一行中输出。方法 myArray(int n) 的功能是生成元素值在 50～100 之间的随机值的 int 型数组，数组元素的个数由参数 n 指定。在应用程序的 main() 方法中，用命令行传入的整数作为 myArray(lnt n) 方法调用时的实参，生成一个整型数组，并调用方法 printA() 输出该数组的所有元素。

第6章 类和对象

面向对象程序设计中，由属性和方法两大部分构成的类是对现实世界进行抽象的结果，对象来自类的定义。Java 是面向对象的程序设计语言，程序的表现形式是类，并完全围绕类和对象来实现各种功能。本章将介绍 Java 中类和对象的面向对象特性。

 ## 6.1 引入实例

首先介绍一个非常简单的例子。

【例 6.1】Dog 类及对它的调用。

（1）应用分析

"狗"是现实世界中的一种客观存在。通常情况下，"狗"有名称和年龄等特性，还有吃食物的行为。可以使用类对"狗"进行最基本的抽象。

（2）Dog 类

Dog 类实现了对"狗"的抽象。

① 代码如下：

```java
public class Dog {
    String name;          //姓名
    int age;              //年龄
    String color;         //颜色
    String sex;           //性别
    public void eat() {
        System.out.println(name+" is eating bone");
    }

}
```

② 代码分析。

Java 程序所有的代码都写于类中。类包含两大部分：一是属性，二是方法。属性是类的特性，描述类实例化后的状态；方法是类的操作，实现各种特定的功能。

Java 中，属性是全局变量，也称域和成员变量。String 类型 name、color、sex 和 int 类型 age 就是 Dog 的属性，它们共同组成了 Dog 最基本的特性。

方法就是函数，也称成员方法。Dog 类中共有 1 个方法。

Dog 类的 UML 图如图 6-1 所示。

Dog
–name:String
–age:int
–color:String
–sex:String
+eat():void

图 6-1　Dog 类的 UML 图

6.2 类

面向对象实现对客观实体的直接映射， 抽象出同一类实体共有的特征和行为，即类。 类是面向对象程序设计的核心，Java 程序的所有代码均封装在类里。

6.2.1 类的定义

最简单的类定义格式如下：

```
[Modifiers] class ClassName
{
    ClassBody;
}
```

这里，类修饰符 Modifiers 用于控制类的被访问权限和类别；类名 ClassName 是用户定义的标识符， 一般第一个字母与其他单词的第一个字母大写；类体 ClassBody 主要包含两大部分：成员变量和成员方法。

例如：

```
public class Dog{...}
```

定义了访问权限为 public，也就是说明 Dog 类是共有的。

6.2.2 成员变量

类的成员变量就是类的属性，它描述了类的特性。Java 中，成员变量有两种形式：类变量和实例变量。前者是静态（static）的，也可以称之为静态变量；后者是非静态的变量。本章主要介绍非静态的实例变量。

1. 实例变量的声明

实例变量的声明格式是：

```
[Modifiers] DataType Name;
```

其中，修饰符 Modifiers 描述了实例变量的被访问权限和存储方式；数据类型 DataType 定义实例变量是基本数据类型还是引用类型；实例变量名 Name 是用户定义的标识符， 一般第一个字母小写，其他单词的第一个字母大写。

例如：

```
private String name;
int age;
```

引用类型(String)name 是用户定义的私有实例变量，基本数据类型（int）age 采用的是默认修饰符。

2. 实例变量的初始化

声明实例变量时可以直接赋初值，例如：

```
private String name="Oudy";
int age=1;
```

如果没有被赋初值， 它们将被按照数据类型的默认值初始化：整型数是 0，浮点数是 0.0，布尔型是 false，字符型是\u0000，引用类型是 null。

还可以使用初始化块、构造方法及其他成员方法来对实例变量进行初始化，具体细节将在后面内容中介绍。

6.2.3　成员方法

作为类的另一个重要组成部分，成员方法描述了类能够完成的操作，并负责私有属性的赋值和取值。与成员变量类似，成员方法也有静态和非静态之分，分别称为类方法和实例方法。本节仅介绍实例方法。

1.　语法格式

实例方法的简单声明格式是：

```
[Modifiers]  DataType methodName(parameterList)
{
    MethodBody;
}
```

其中，Modifiers 是访问修饰符，描述了成员方法的被访问权限；DataType 是方法的返回值类型；methodName 是成员方法名，由用户定义，一般第一个字母小写，其他单词的第一个字母大写；parameterList 是参数列表，说明调用该方法时需要传递的参数及格式。传递参数时需注意，参数个数、类型及次序必须与参数列表一致。

例如：

```
public void eat(){...}
```

方法体 MethodBody 是实例方法的主体，由若干语句组成，实现方法的功能。方法体中可以声明只在方法中有效的局部变量。

2.　返回值

声明方法时，定义的 DataType 返回类型可以是 void，也可以是其他类型，如果不是 void，就要求此方法必须有返回值。对于有返回值的方法，结束方法体的最后一条可执行语句必须是 return，以返回一个与返回类型相匹配的表达式值。

例如：

```
private String name;
public String getName(){
    return name;
}
```

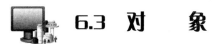

6.3　对　　象

对象是 Java 程序运行的基本单位，来自于类的定义，是类的实例化，使用前必须声明并创建。

6.3.1 对象的声明和创建

1. 对象的声明

与其他数据类型类似，使用对象前必须先声明对象。声明对象的格式是：

[Modifiers] ClassName objectName;_

其中，Modifiers 是对象的访问控制属性和存储方式；ClassName 是对象类型，即类名；objectName 是用户定义的对象名， 一般第一个字母小写，其他单词的第一个字母大写。

例如：

Circle c;

Dog dog1,dog2;

声明对象仅声明了对象的引用，此时对象为 null，没有指向任何地址，因此还不能使用。

2. 对象的创建

声明对象之后，还需要利用关键字 new 创建对象，即为对象分配存储空间。

（1）语法格式

创建对象的格式是：

New ClassName(parameterList)

其中，ClassName 是对象所属的类名，parameterList 是参数列表，参数格式取决于对应构造方法的参数形式。

例如：

Dog dog1;

dog1=new Dog();

也可以将声明和创建合并为一条语句：

Dog dog1=new Dog();

（2）new 运算符

new 运算符的工作首先是为对象分配存储空间，再按照类声明的次序依次执行所有成员变量的初始化语句和初始化块。之后调用构造方法初始化实例变量，最终返回对象的引用。

为对象分配存储空间时， JVM 会为该对象的每个成员变量分配空间，为节省存储空间，同类的所有对象共享一份成员方法的副本，每个对象只拥有代码区的地址。

3. 构造方法

构造方法用于创建对象，是一种特殊的成员方法。通常，它的主要工作是初始化成员变量。

（1）语法格式

构造方法的格式是：

[Modifiers] ClassName(parameterList)

{

    MethodBody;

}

其中， Modifiers 是控制访问权限的访问修饰符；ClassName 是类名;parameterList 参数列表，说明使用构造方法时需传递的参数及格式。注意：构造方法与类名同名（大小写一致），并且没有返回值（连关键字都没有），不能写 void，它将默认地返回一个自身对象的引用。

例如，Dog 类可以增加两个构造方法：一个不带参数的，一个用来对成员变量初始化的构造方法。

```
public Dog() {
name="小黑";
age=1;
sex="公";
color="黑色";
}//默认初始值
public Dog(String name,int age,String color,String sex) {
this.name=name;
this.age=age;
this.color=color;
this.sex=sex;
}
```

（2）默认初始值

如果整个类体中没有自定义的构造方法，编译器会加上不带参数的默认构造方法，以便生成对象。因此定义类时，并不一定要加上构造方法。但是，只要自定义了构造方法，系统就不会提供默认的构造方法。

（3）构造方法重载

实际上各个不同的构造方法之间也存在重载关系，如带参数和不带参数之间就是重载。对此，JVM 会根据参数的差异选择正确的构造方法。

6.3.2　对象的使用

使用对象是通过向对象发送消息来实现的，即引用对象的属性和调用对象的方法，以便使驱动程序运行。

1. 引用对象

引用对象的成员变量和调用对象的成员方法使用"."运算符，格式是：

```
objectName.memberVariableName
objectName.memberMethodName(parameterList)
```

其中，objectName 对象名；memberVariableName 是成员变量名；memberMethodName 是成员方法名；parameterList 是参数列表。

例如，对于例 6.1：

```
Dog dog1=new Dog();
dog1.name="小白";
dog1.age=3;
dog1.sex="母";
dog1.color="白色";
System.out.println("name = "+dog1.name);
System.out.println("age="+dog1.age );
System.out.println("sex="+dog1.sex );
```

```
System.out.println("color="+dog1.color);
dog1.eat();
```

 # 6.4 类 的 封 装

设计良好的类应尽可能地独立,同时隐藏类的实现细节,最大限度地保证自身数据的安全,减少程序对类中数据表达的依赖。例如,不让自身的属性被其他对象直接访问,只能通过事先定义好的方法来访问。方法中可以方便地加入控制逻辑,对数据进行检查,限制对属性的不合理操作。面向对象特性之一的封装即是指隐藏,包括数据、方法及实现的隐藏。

6.4.1 访问控制属性

Java 使用访问控制属性实现封装。有 4 种访问属性:默认访问属性、public 访问属性、private 访问属性和 protected 访问属性。在定义类和类的成员时只需要将对应的访问属性关键字作为修饰符,写在最前面就可以实现访问控制的目的。其中,默认访问属性在定义类和类成员时不指定任何访问修饰符。各种访问控制属性的访问权限如表 6-1 所示。

表 6-1 各种访问控制属性的访问权限

修 饰 符	同 一 类	同 一 包	不同包的子类	所 有 类
private	允许			
默认	允许	允许		
protected	允许	允许	允许	
public	允许	允许	允许	允许

6.4.2 设置类的访问控制属性

对于外部类来说,访问控制属性只能是默认和 public 的,不能是 private 和 protected 的。private 和 protected 访问属性只能使用在内部类上。

例如:

```
public class Dog{...}              //公有
class Cat{...}                     //默认访问属性类
private class Dog{...}             //非法
class Cat{
    ...
    private class hand{...}    //内部类
}
```

另外,如果将若干类定义放在同一个 Java 文件中,使用 public 修饰符的类最多只能有一个。如果文件中有 public 类,文件必须与此类同名。同时,main()方法只能在 public 修饰的类中。

6.4.3 设置类成员的访问控制属性

类的成员变量和成员方法的访问控制属性可以有 4 种:默认、public、private 和 protected。例如,Dog 类中声明了私有的成员变量和公有的成员方法:

```
private String name;        //姓名
private int age;            //年龄
private String color;       //颜色
private String sex;         //性别
public void eat();
```

如果直接对成员变量进行修改操作，这是一种不安全的行为。一般来说，需要对成员变量进行私有化设置，也就是对数据域的封装。采用修改器（Setter）和访问器（Getter）对数据域进行处理。

具体操作如下：
```
public String getName() {
        return name;
    }
    public void setName(String name) {
        this.name=name;
        }
    public int getAge() {
        return age;
        }
    public void setAge(int age) {
        this.age=age;
    }
        public String getColor() {
        return color;
    }
    public void setColor(String color) {
        this.color=color;
    }
    public String getSex() {
        return sex;
    }
    public void setSex(String sex) {
        this.sex=sex;
    }
```

因此在设计类的时候，需要有封装的概念，通常需要将成员变量声明为 private，同时为成员变量的修改和访问提供公有的（或者是默认，protected）接口。这样既能够控制对成员变量的访问，又能够阻止不合法的操作。

例如：
```
public void setAge(int age) {
    if(age>0&&age<=200)//假设人最高寿命为200
        this.age=age;
    else
        System.out.println("年龄输入不合法");
}
```

6.5 静 态 成 员

Java 类的成员有静态和非静态之分。本章前面介绍的是非静态成员，也称实例成员。本节将介绍静态成员，也称类成员。

与实例成员类似，类成员也分为类变量（静态变量）和类方法（静态方法）两种。

6.5.1 静态变量

1. 语法格式

静态变量是声明时使用了 static 修饰符的变量，例如：

```
private static double sum;
```

2. 静态变量的创建

创建对象时，系统会为每一个实例生成一份实例变量的副本，因此每个对象都有自己的实例变量值。但是，系统仅在加载类时创建一份静态变量副本，该副本将被此类的所有对象共享，则静态变量与类有关而与对象无关。这也是静态变量被称为类变量的原因。

3. 静态变量的引用

使用类名和对象名都可以引用静态变量。例如，System 是 Java 的核心类，in 和 out 是它声明的静态变量，这里，InputStream 和 PrintStream 是 Java 定义的 I/O 流类。

```
public final class System {
    public final static InputStream in=null;
    public final static PrintStream out=null;
    ...
}
```

将例 6.1 的代码完善如下：

（1）Dog 类

① 程序代码：

```
public class Dog {
    private String name;          //姓名
    private int age;              //年龄
    private String color;         //颜色
    private String sex;           //性别
    public static int dogTotal;   //增加一个统计生成 Dog 数量的静态变量

    public String getName() {
        return name;
    }
    public void setName(String name) {
        this.name=name;
    }
}
```

```
    public int getAge() {
        return age;
    }
    public void setAge(int age) {
        this.age=age;
    }
    public String getColor() {
        return color;
    }
    public void setColor(String color) {
        this.color=color;
    }
    public String getSex() {
        return sex;
    }
    public void setSex(String sex) {
        this.sex=sex;
    }
    public Dog() {
        name="小黑";
        age=1;
        sex="公";
        color="黑色";
        dogTotal++;        //生成一个对象，Dog 对象增加一个
    }
    public Dog(String name,int age,String color,String sex) {
        this.name=name;
        this.age=age;
        this.color=color;
        this.sex=sex;
        dogTotal++;        //生成一个对象，Dog 对象增加一个
    }
    public void eat() {
        System.out.println(name+" is eating bone");
    }
}
```

② 代码分析：

在 Dog 类中添加了记录总 Dog 数量的静态变量 dogTotal，此变量在构造方法中执行+1 操作，方便记录生成 Dog 对象的总数目。

（2）测试类

DogTest 类是 Dog 类的测试类。

① 程序代码：

```
public class DogTest {
    public static void main(String[] args) {
        Dog dog1=new Dog();
```

```
        Dog dog2=new Dog("小黄",2,"公","黄色");
        dog1.setName("小白");
        dog1.setAge(3);
        dog1.setSex("母");
        dog1.setColor("白色");
        System.out.println(dog1.getName()+"今年"+dog1.getAge()+"岁");
        System.out.println("狗的数目一共是: "+Dog.dogTotal);
    }
}
```

② 代码分析:

由于 dogTotal 是静态变量,Dog 对象 dog1 和 dog2 将共享它。构造 dog1 时,dogTotal 为 1。构造 dog2 时,dogTotal 在 1 的基础上再加 1,即为 2。dogTotal 被声明为默认的访问属性,因此除了在 Dog 类中可以直接访问它外,处于同一包中的 DogTest 类也可以通过类名对它直接访问:

```
System.out.println("狗的数目一共是: "+Dog.dogTotal);
```

(3)运行结果

执行 DogTest,运行结果如下:

小白今年 3 岁

狗的数目一共是: 2

(4)结果分析

默认访问属性的 dogTotal 并不安全,原因是可以在类外部直接修改其值。例如,将测试类中对 dogTotal 访问的打印语句做如下修改:

```
System.out.println("狗的数目一共是: "+(++Dog.dogTotal));
```

测试类的运行结果将变为:

小白今年 3 岁

狗的数目一共是: 3

4. 静态代码块

与定义实例变量一样,系统会在类定义没有为静态变量提供初值时赋予默认初始值。另外,还可以使用在类加载时执行静态初始化块即为静态变量提供初值。

静态初始化块位于类定义中,使用 static 关键字,用一对花括号将若干静态变量初始化语句括起来。格式是:

```
static
{
    //初始化静态变量语句
}
```

注意: 静态初始化块只能初始化静态变量,实例变量不能出现在静态初始化块中,原因是实例变量仅属于实例,而类变量却是类所有实例共享。

6.5.2 静态方法

静态方法是使用 static 修饰的方法,方法中只能访问局部变量和静态变量、调用静态方法不能直接引用实例成员。

1. 语法格式

声明静态方法的格式：

```
[Modifiers] static  DataType methodName(parameterList)
{
    MethodBody;
}
```

最常见的静态方法的例子是 Java 应用程序入口 main()方法：

```
public static void main(String[] args)
{
    ...
}
```

Java 在加载类时便会加载静态变量和静态方法。即使还没有创建一个对象，类成员也已经可以被访问和调用了。因此，静态的 main()方法不需要此类的对象即可直接执行。

2. 静态方法的引用

静态方法可以通过对象名和类名来调用。例如，修改 Dog 类，增加 getDogTotal()静态方法来返回静态变量值：

```
public static int getDogTotal(){
    return dogTotal;
}
```

在 DogTest 类的 main()方法添加以下语句：

```
System.out.println(dog1.getDogTotal());
System.out.println(Dog.getDogTotal());
```

前一句用对象名调用静态方法，后一句用类名调用同一个方法，所得结果是一样的。当然，基于程序可读性的要求，在此建议使用类名来调用静态方法。

如果想在静态方法中访问实例成员，必须先创建对象，然后通过对象名引用。例如：

```
public static void main(String[] args) {
        Dog dog1=new Dog();
        Dog dog2=new Dog("小黄",2,"公","黄色");
        dog1.setName("小白");
}
```

实际上就是由创建对象生成静态方法的局部变量，然后通过访问局部变量来引用它的实例成员。

静态方法常用来为应用中的其他类提供使用工具。Java 类库中大量的静态方法正是因此而定义的，例如，常用的 Math 类中 sin()、cos()和 random()等方法。

 小　结

本章重点介绍类和对象的基本概念。封装是将代码及其处理的数据绑定在一起的编程机制，该机制保证了数据和操作法数据的动作不受外部干扰且不易被误用。类是实现封装的基本机制，

定义了一组对象共享的数据结构和行为。类将数据和基于数据的操作结合在一起，数据被保护在类的内部，系统的其他部分只有通过该类被授权的操作接口，才能够与这个类进行交互。封装可以提高程序中数据完整性、安全性并降低开发过程的复杂性，减少出错可能，提高类或模块的可重用性。

类是逻辑结构，而对象是真正存在的物理实体。每一个给定的对象都包含这个类定义的数据和操作，对象也被看成类的实例。所有的对象都存储在堆上，因此，new 关键字的完整含义是在堆上创建对象，然后将对象的地址赋值给对象的引用变量。

构造方法用于初始化对象，可以重载多个构造方法，当对象作为参数时以引用方式传递，在方法中对对象的状态的修改会影响实参对象，即形参和实参指向同一个对象。

面向对象编程的思路认为程序都是对象的组合，因此，要克服面向过程编程的思路,直接按照对象和类的理念去构造程序模块和关联，面向对象所具有的封装性、继承性、多态性等特点Java 其具有强大的生命力。

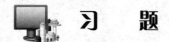 习　　题

一、选择题

1. 下面关于类和对象之间关系的描述，正确的是（　　）。
   A. 连接关系
   B. 包含关系
   C. 具体与抽象的关系
   D. 类是对象的具体化

2. 下面关于 Java 中类的说法不正确的是（　　）。
   A. 类体中只能有变量定义和成员方法的定义，不能有其他语句
   B. 构造方法是类中的特殊方法
   C. 类一定要声明为 public 的，才可以执行
   D. 一个 Java 文件中可以有多个 class 定义

3. 下列（　　）类声明是正确的。
   A. public void H1 ｛…｝
   B. public class Move() ｛…｝
   C. public class void number{}
   D. public class Car ｛…｝

4. 下述说法不正确的是（　　）。
   A. 实例变量是类的成员变量
   B. 实例变量是用 static 关键字声明的
   C. 方法变量在方法执行时创建
   D. 方法变量在使用之前必须初始化

5. 下面对构造方法的描述不正确的是（　　）。
   A. 系统提供默认的构造方法
   B. 构造方法可以有参数，所以也可以有返回值
   C. 构造方法可以重载
   D. 构造方法可以设置参数

6. 定义类头时，不可能用到的关键字是（　　）。
   A. class
   B. private
   C. extends
   D. public

7. 下列类头定义中，错误的是（　　　　）。

    A. public x extends y {...}   B. public class x extends y {...}

    C. class x extends y implements y1 {...}   D. class x {...}

8. 设 A 为已定义的类名，下列声明 A 类的对象 a 的语句中正确的是（　　　　）。

    A. float A a;   B. public A a=A( );

    C. A a=new int( );   D. static A a=new　A( );

9. 设 i、 j 为类 X 中定义的 int 型变量名，下列 X 类的构造方法中不正确的是（　　　　）。

    A. void X(int k){ i=k; }   B. X(int k){ i=k; }

    C. X(int m, int n){ i=m; j=n; }   D. X( ){i=0;j=0; }

10. 有一个类 A，以下为其构造方法的声明，其中正确的是（　　　　）。

    A. void A(int x){...}   B. public A(int x){...}

    C. public a(int x){...}   D. static A(int x){...}

11. 下列方法定义中，不正确的是（　　　　）。

    A. float x(int a,int b) { return (a-b); }   B. int x(int a,int b) { return a-b; }

    C. int x(int a,int b); { return a*b; }   D. int x(int a,int b) { return 1.2*(a+b); }

12. 设 i、j 为类 X 中定义的 double 型变量名，下列 X 类的构造方法中不正确的是（　　　　）。

    A. double X(double k){ i=k; return i; }   B. X( ){i=6;j=8; }

    C. X(double m, double n){ i=m; j=n; }   D. X(double k){ i=k; }

13. 设 ClassA 为已定义的类名，下列声明 Class A 类的对象 ca 的语句中正确的是（　　　　）。

    A. public ClassA ca=new ClassA( );   B. public ClassA ca=ClassA( );

    C. ClassA ca=new class( );   D. ca ClassA;

14. 设 m、n 为类 A 中定义的 int 型变量名，下列 A 类的构造方法中不正确的是（　　　　）。

    A. void A(int k){ m=k; }   B. A(int k){ m=k; }

    C. A(int m, int n){m=i; n=j; }   D. A( ){m=0;n=0; }

15. 设 i、j、k 为类 School 中定义的 int 型变量名，下列类 School 的构造方法中不正确的是（　　　　）。

    A. School (int m){ ... }   B. void School (int m){ ... }

    C. School (int m, int n){ ... }   D. School (int h,int m,int n){ ... }

16. 对于任意一个类，用户所能定义的构造方法的个数至多为（　　　　）。

    A. 0 个   B. 1 个   C. 2 个   D. 任意个

17. 构造方法在（　　　　）被调用。

    A. 类定义时   B. 创建对象时

    C. 调用对象方法时   D. 使用对象的变量时

18. 类是具有相同（　　　　）的集合，是对对象的抽象描述。

    A. 属性和方法   B. 变量和方法   C. 变量和数据   D. 对象和属性

19. 以下（　　　　）是专门用于创建对象的关键字。

    A. new   B. double   C. class   D. int

20. 在一个类的内部声明，但又处于该类方法外部的变量称为（　　　　）。

    A. 局部变量   B. 隐藏变量   C. 实例变量   D. 常量

21. 从定义局部变量语句的外部访问该局部变量，会导致（　　　）出现。

    A. 逻辑出错   B. 编译错误

    C. 运行错误   D. 以上答案都不对

22. 实例变量（　　　）。

    A. 是在一个类的内部声明的变量   B. 的作用域为整个类

    C. 可被同一类中的任何方法所访问   D. 以上答案都对

23. 通过使用关键字（　　　）创建对象。

    A. object   B. instantiate   C. create   D. new

24. 参照以下 Java 代码，以下 4 个叙述中最确切的是（　　　）。

```
class A{
    int x; static int y;
    void fac(String s){System.out.println("字符串: "+s);}
}
```

    A. x、y 和 s 都是成员变量

    B. B.x 是实例变量，y 是类变量，s 是局部变量

    C. x 和 y 是实例变量，s 是参数

    D. x、y 和 s 都是实例变量

25. 给出下面代码段：

```
(1) public class Test {
(2)     int m,n;
(3)     public Test() {}
(4)     public Test(int a) { m=a; }
(5)     public static void main(String[] arg) {
(6)        Test t1,t2;
(7)        int j,k;
(8)        j=0;k=0;
(9)        t1=new Test();
(10)       t2=new Test(j,k);
(11)    }
(12) }
```

    （　　　）行将引起一个编译时错误。

    A. （3）   B. （5）   C. （6）   D. （10）

26. 对于下列代码：

```
(1) class Person {
(2)     public void printValue(int i, int j) {//... }
(3)     public void printValue(int i){//... }
(4) }
(5) public class Teacher extends Person {
(6) public void printValue() {//... }
(7) public void printValue(int i) {//...}
(8) public static void main(String args[]){
(9)    Person t=new Teacher();
(10)   t.printValue(10);
(11) }
```

第（10）行语句将调用（　　）行语句。

 A.（2）   B.（3）   C.（6）   D.（7）

27. 下列关于构造方法的说法正确的是（　　）。

 A. 类中的构造方法不可省

 B. 构造方法必须与类同名，但方法不能与 class 同名

 C. 类的构造方法在一个对象被创建时自动执行

 D. 一个类只能定义一个构造方法

28. 下列语句中，对构造方法的描述错误的是（　　）。

 A. 构造方法的名称必须和类名相同

 B. 构造方法没有返回值，返回类型也不能用 void

 C. 构造方法在一个类中可以多次出现

 D. 当重写了带参数的构造方法之后，系统默认的不带参数的构造方法依然存在

29. 下列（　　）不是面向对象的三大特性之一。

 A. 封装性   B. 继承性   C. 多态性   D. 重载

30. 在创建对象时必须（　　）。

 A. 先声明对象，然后才能使用对象

 B. 先声明对象，为对象分配内存空间，然后才能使用对象

 C. 先声明对象，为对象分配内存空间，对对象初始化，然后才能使用对象

 D. 上述说法都对

31. 以下叙述不正确的是（　　）。

 A. 面向对象方法追求的目标是尽可能地运用人类自然的思维方式来建立问题空间的模型，构造尽可能直观、自然的表达求解方法的软件系统

 B. 面向对象方法的优点有、易于维护，可重用性好，易于理解、扩充和修改

 C. 面向对象 = 对象 + 分类 + 继承 + 消息通信

 D. 面向对象的基本特征是封装性、继承性和并行性

32. 对于构造函数，下列叙述不正确的是（　　）。

 A. 构造函数是类的一种特殊函数，它的方法名必须与类名相同

 B. 构造函数的返回类型只能是 void 型

 C. 构造函数的主要作用是完成对类的对象的初始化工作

 D. 一般在创建新对象时，系统会自动调用构造函数

二、填空题

1. 通常用关键字＿＿＿＿来新建对象，通过类创建对象的基本格式为：＿＿＿＿。

2. 通过类 MyClass 中的不含参数的构造方法，生成该类的一个对象 obj，可通过语句＿＿＿＿实现。

3. 构造方法是类中的一种特殊方法，它用来定义对象的＿＿＿＿。

4. 在 Java 程序中定义的类中包括有两种成员，分别是＿＿＿＿、＿＿＿＿。

5. Java 中类成员的限定词有以下几种：＿＿＿＿、＿＿＿＿、＿＿＿＿、＿＿＿＿。

6. 被关键字_____修饰的方法是不能被当前类的子类重新定义的方法。

7. Java 程序的基本元素是_____。

8. _____是 Java 中定义类时必须使用的关键字。

9. 定义在类中方法之外的变量称为_____。

10. 类头定义的基本格式要求为_____、_____、_____和_____。

11. _____是指 Java 程序通过规则引擎调用此规则包时，将数据存储在 Java 的类中，以对象的形式传入。

12. _____是 Java 的核心内容，是用来创建对象的模板。

13. 一个 Java 源文件是由若干个_____构成的。

14. _____是抽象，而_____是具体。

15. 对象的创建、创建对象的过程就是_____的过程。

16. 对象的创建的步骤包括_____及_____。

17. 构造方法是具有特殊地位的方法，_____不可以调用构造方法。

18. 一个类中可以有多个_____。

19. 类里面如果没有_____，系统会调用默认的构造方法，默认的构造方法是不带任何参数的。

20. Java 的属性与方法的引用均使用_____运算符。

三、程序题

1. 下面是一个类的定义，请完成程序填空。

```java
public class _____
{
    int  x,y;
    Myclass ( int_____, int_____)    //构造方法
    {
        x=i;y=j;
    }
}
```

程序运行结果为：_____。

2. 下面是一个类的定义，请将其补充完整。

```java
class _____ {
    String name;
    int age;
    Student(_____s, int  i) {
        name=s;
        age=i;
    }
}
```

程序运行结果为：_____。

3. 写出下列程序的运行结果。

```java
public class Test3{
    public static void main(String[] args){
```

```
            Count myCount=new Count();
            int times=0;
            for(int i=0;i<100;i++)
                    increment(myCount,times);
            System.out.println("count is" + myCount.count);
            System.out.println("time is" + times);
        }
        public static void increment(Count c,int times){
            c.count++;
            times++;
        }
    }
    class Count{
        public int count;
        Count(int c){
            count=c;
        }
        Count(){
            count=1;
        }
    }
```

程序运行结果为：_____。

4. 阅读下列程序，写出程序的运行结果。

```
    class Circle {
        double radius;
        public Circle(double r){
            this.radius=r;
        }
    }
    public class Test4{
        public static void main(String[] args){
            Circle circle1=new Circle(1);
            Circle circle2=new Circle(2);
            System.out.println("Before swap:circle1="+circle1.radius+" circle2
="+circle2.radius);
            swap(circle1,circle2);
            System.out.println("After swap:circle1="+circle1.radius+" circle2
="+circle2.radius);
        }
        public static void swap(Circle x,Circle y){
            System.out.println("Before swap:x="+x.radius+"y="+y.radius);
            Circle temp=x;
            x=y;
            y=temp;
            System.out.println("Before swap:x="+x.radius+"y ="+y.radius);
        }
    }
```

程序运行结果为：_____。

5. 阅读下列程序，写出程序的运行结果。

```java
class Demo {
    public void test ()
    {
        System.out.println("NO");
    }
    public void test (int i)
    {
        System.out.println(i);
    }
    public void test (int a,int b)
    {
        System.out.println(a+b);
    }
}
public class Test5 {
    public static void main(String args[]){
    Demo de=new Demo();
        de.test();
        de.test(5);
        de.test(6,8);
    }
}
```

程序运行结果为：_____。

6. 阅读下列程序，写出程序的运行结果。

```java
class Cube{
    int width;
    int height;
    int depth;
    Cube(int x,int y,int z){
        this.width=x;
        this.height=y;
        this.depth=z;
    }
    public int vol(){
        return width*height*depth;
    }
}
public class Test6{
    public static void main(String[] args) {
        Cube a=new Cube(3,4,5);
        System.out.println("长度="+a. width);
        System.out.println("体积="+a.vol());
    }
}
```

程序运行结果为：_____。

7. 阅读下列程序，写出程序的运行结果。

```java
class Tester {
    int var;
    Tester(double var) {
        this.var=(int)var;
    }
    Tester(int var) {
        this("hello");
    }
    Tester(String s) {
        this();
        System.out.println(s);
    }
    Tester(){
        System.out.println("good-bye");
    }
    public static void main(String[] args) {
        Tester t=new Tester(5);
    }
}
```

程序运行结果为：_____。

六、编程题

1. 学生有姓名（name）和成绩（score）信息。成绩有科目（course）和分数（grade）信息。学生类的 getResult 方法显示输出成绩信息，setData 方法实现初始化学生信息。编写学生类（Student）和成绩类（Score），并测试。

2. 定义一个学生类，包含三个属性（学号，姓名，成绩）均为私有的，分别给这三个属性定义两个方法，一个设置它的值，另一个获得它的值。然后在一个测试类里试着调用。

3. 编写程序，模拟银行账户功能。要求如下：

属性：账号、储户姓名、地址、存款余额、最小余额。方法：存款、取款、查询。根据用户操作显示储户相关信息。如存款操作后，显示储户原有余额、今日存款数额及最终存款余额；取款时，若最后余额小于最小余额，拒绝收款，并显示"至少保留余额XXX"。

4. 设计一个动物类，它包含动物的基本属性。例如，名称、大小、重量等，并设计相应的动作，例如，跑、跳、走等。

5. 设计一个矩形类，成员变量包括长和宽。类中有计算面积和周长的方法，并有相应的 set 方法和 get 方法设置和获得长和宽。编写测试类测试是否达到预定功能。要求使用自定义的包。

6. 创建一个 People 类，定义成员变量如编号、姓名、性别、年龄；定义成员方法如"获得编号""获得姓名""获得年龄"等，再创建 People 类的对象。

7. 设计 Point 类用来定义平面上的一个点，用构造函数传递坐标位置。编写测试类，在该类中实现 Point 类的对象。

8. 设计员工 Employee 类，记录员工的情况，包括姓名、年薪、入职时间，要求定义 MyDate 类作为入职时间，其中包括工作的年、月、日，并用相应的方法对 Employee 类进行设置。编写测试类测试 Employee 类。要求使用自己的包。

9. 编写一个学生的类，要求有姓名、年龄、兴趣、班级编号；一个教员类，要求有姓名、教授课程、专业方向、教龄；设计一个主方法，要求在主方法中调用这两个类。

10. 声明 Patient 类表示在门诊中的病人，此类对象应包括 name(a string)、sex(a char)、age(an integer)、weight(a float)、allergies(a boolean)。声明存取及修改方法。在一个单独的类中，声明测试方法，并生成两个 patient 对象，设置其状态，并将信息显示在屏幕上。

11. 声明并测试一个负数类，其方法包括 toString() 及负数的加、减、乘运算。

12. 定义一个类，成员变量是 String 数组 s，成员方法有 s 的 setter 和 getter，显示 s 中使用字符串元素的方法。

13. 构造一个类来描述屏幕上的一个点，该类的构成包括点的 x 和 y 两个坐标，以及一些对点进行的操作，包括取得点的坐标值，对点的坐标进行赋值，编写应用程序生成该类的对象并对其进行操作。

第7章　封装、继承和多态

7.1　封　装

封装，顾名思义，隐藏对象的属性和实现细节，仅对外公开接口，控制在程序中属性的读和修改的访问级别；将抽象得到的数据和行为（或功能）相结合，形成一个有机的整体，也就是将数据与操作数据的源代码进行有机结合，形成"类"，其中数据和函数都是类的成员。

封装的目的是增强安全性和简化编程，使用者不必了解具体的实现细节，而只是通过外部接口以特定的访问权限来使用类的成员。封装的大致原则：

① 把尽可能多的东西藏起来，对外提供简捷的接口。

② 把所有的属性藏起来。

封装的好处：将变化隔离，便于使用，提高重用性、安全性。

接口是客户和服务端的约定，也称合同（Contract）。封装是面向对象编程的基本特征，也是类和对象的主要特征。封装将数据以及加在这些数据上的操作组织在一起，成为有独立意义的构件。外部无法直接访问这些封装后的数据，从而保证内部数据的正确性。如果这些数据发生了差错，也很容易定位错误是由哪个操作引起的。

封装考虑的是对象的内部实现，抽象考虑的是外部行为。封装是将类的属性定义为私有并通过公共方法提供属性访问的技术。如果一个属性字段被声明为私有，它不能由类以外的任何对象访问，从而隐藏了类中的属性字段。因此，封装也称数据隐藏。封装可以防止代码和数据由定义在类外的其他代码随意访问的保护屏障。

有两方面的原因促使了类的设计者控制对成员的访问。

① 防止程序员接触他们不该接触的东西，这通常是内部数据类型的设计思想。类向用户提供的实际上是一种服务，用户只需操作接口即可，无须明白类的内部设计细节。

② 允许类库设计人员修改内部结构，不用担心它会对客户程序造成连带影响。例如，类库器可能设计了一个简单的类，以简化开发。以后又决定进行修改，以便更快地运行。若接口与实现方法早已隔离开，并分别受到保护，就可放心做到这一点。

信息隐藏使外部的可见部分和内部的不可见部分相互隔离，常见需要隐藏的信息包括易被改动的区域、复杂的数据、复杂的逻辑、在编程语言层次上的操作等。容易被改动的区域包括对硬件有依赖的地方随硬件的变化而需要改动，比如监视器、打印机、绘图机等在尺寸、颜色、控制代码、图形能力及内存方面容易发生变化。另外，输入和输出常常会发生变化，主要发生变化的是输入、输出的格式，比如在打印纸上边界的位置、每页上边界的数量、域的排列顺序等容易发生变化。状态变量指示程序的状态，往往比其他数据更容易被改动。而且，数据规模常根据具体应用发生变化。商业规则会随着时间、外部环境而改变，也是容易变更的内容。

封装的主要优点是使得类能完全控制它保存的数据，客户不需要知道数据是被如何存储的，修改类的实现代码不会破坏其客户使用该类的能力。封装提高了代码可维护性、灵活性和可扩展能力。如果外部需要访问类里面的数据，就必须通过类的访问接口进行。访问接口规定了可对一个特定的对象发出哪些请求。接口的实现代码（函数）与隐藏起来的数据称为"隐藏实现"。一旦向对象发出一个特定的请求，就会调用对应的那个函数。通常将这个过程称为向对象"发送一条消息"。对象的职责就是决定如何对这条消息作出反应（即执行相应的代码）。

7.2 继 承

继承是面向对象编程技术的基础，它允许创建分等级层次的类。运用继承，能够创建一个通用类，它定义了一系列相关项目的一般特性。该类可以被更具体的类继承，每个具体的类都增加一些自己特有的东西。在 Java 中，被继承的类叫超类（Superclass），继承超类的类叫子类（Subclass）。子类继承了超类定义的所有实例变量和方法，并且为它自己增添了独特的元素。

7.2.1 继承的基本概念

继承是一种连接类的层次模型，并且允许和鼓励类的重用，它提供了一种明确表述共性的方法。对象的一个新类可以从现有的类中派生，这个过程称为类继承。新类继承了原始类的特性，称为原始类的派生类（子类），而原始类称为新类的基类（父类）。派生类可以从它的基类那里继承方法和实例变量，并且类可以修改或增加新的方法使之更适合特殊的需要。私有成员能继承，但是由于访问权限的控制，在子类中不能直接使用父类的私有成员。并且，Java 中是单继承，一个子类只能有一个父类。

类定义的格式如下：

```
[Modifiers] class SubClass extends SuperClass
{
    //ClassBody
}
```

说明：类 SubClass 继承类 SuperClass，即类 SubClass 是类 SuperClass 的子类，类 SuperClass 是类 SubClass 的父类。同时一定要满足两个条件：

① 类 SuperClass 必须是非 final。

② 类 SuperClass 必须是 public，或类 SuperClass 和与类 SubClass 在同一个包下。

【例 7.1】Animal 类、Dog 类、Cat 类。

代码如下：

```
public class Animal {
    public int age;
    public void eat() {...}
    ...
}
```

```
public class Dog extends Animal{
    public void protect() {...}
    ...
}
public class Cat extends Animal{
    public int lifeTotal;
    public void catchMouse() {...}
    ...
}
```

代码说明：

类 Animal 是类 Dog 和类 Cat 的父类，而两个子类 Dog 和 Cat 除了继承父类的成员变量 age 和成员方法 eat()外，还有自己的独有成员。

7.2.2 子类对象的构造过程

Java 中，使用构造方法来构造并初始化对象。当用子类的构造方法创建一个子类的对象时，子类构造方法总是先调用（显式地或隐式地）其父类的某个构造方法，以创建和初始化子类的父类成员。如果子类的构造方法没有指明使用父类的哪个构造方法，子类就调用父类的不带参数的构造方法，然后执行子类构造方法。因此，子类对象的构造过程如下：

① 将子类中声明的成员变量或方法作为子类对象的成员变量或方法。

② 将从父类继承的父类的成员变量或方法作为子类对象的成员变量或方法。

值得指出的是，尽管子类对象的构造过程中子类只继承了父类的部分成员变量或方法，但在分配内存空间时所有父类的成员都分配了内存空间 。

7.2.3 继承中的构造方法

当生成子类对象时，Java 默认首先调用父类的不带参数的构造方法，然后执行该构造方法，生成父类的对象。接下来，再去调用子类的构造方法，生成子类的对象。（要想生成子类的对象，首先需要生成父类的对象，没有父类对象就没有子类对象）。如果子类使用 super()显式调用父类的某个构造方法，那么在执行的时候就会寻找与 super()所对应的构造方法，而不会再去寻找父类的不带参数的构造方法。与 this 一样，super 也必须作为构造方法的第一条执行语句，前面不能有其他可执行语句。

当两个方法形成重写关系时，可以在子类方法中通过 super.run()形式调用父类的 run()方法，其中，super.run()不必放在第一行语句，因为此时父类对象已经构造完毕，先调用父类的 run()方法还是先调用子类的 run()方法是根据程序的逻辑决定的。

7.2.4 方法重写

方法重写也称方法覆盖，方法重写发生在父类和子类之间，如子类中定义的某个方法特征与父类定义的某个方法特征完全一样，那么就说子类中的这个方法覆盖了父类对应的那个方法。

（1）案例代码

```
public class Animal {
    public int age;
    public void eat() {
```

```
        System.out.println("Animal is eating");
    }
    ...
}
public class Cat extends Animal{
    public int lifeTotal;
    public void eat() {
        System.out.println("Cat is eating");
    }          //方法重写
    public void catchMouse() {...}
    ...
}
```

（2）运行结果

运行代码：

```
Cat cat=new Cat();
cat.eat();
```

得到：

```
Cat is eating
```

（3）代码说明

子类 Cat 中定义的 eat()方法，是对父类 Animal 中的 eat()方法的重写，运行结果也可以分析出，当子类方法对父类方法重写时，会去调用子类的方法。

（4）重写与重载的区别

重载可以出现在一个类中，也可以出现在父类与子类的继承关系中，并且重载方法的特征一定不完全相同，而重写则要求子类中的方法特征与父类定义的对应方法的特征完全一样，即这个方法的名字、返回类型、参数个数和类型与从父类继承的方法完全相同 。

7.2.5 this 关键字

this 只能用于与实例有关的代码块中，如实例方法、构造方法、实例初始化代码块或实例变量的初始化代码块等。this 代表当前或者正在创建的实例对象的引用，通常可以利用这一关键字实现与局部变量同名的实例变量的调用。在构造方法中，还可以用 this 来代表要显式调用的其他构造方法。除此以外，使用 this 关键字都将引发编译时错误。

1. 在类的构造方法中使用 this 关键字

在构造方法内部使用 this，代表在一个构造方法中访问另一个构造方法。

例如：

```
public class Circle {
    private double radius;
    private double area;
    public Circle() {
        this(10.0);  //在类的构造方法中使用 this 关键字

    }
```

```
    public Circle(double radius) {
        this.radius=radius;
    }
}
```

测试类代码：

```
public class CircleTest {
    public static void main(String[] args) {
        Circle circle=new Circle();
    }
}
```

运行结果：

```
10.0
```

2. 在类的实例方法中使用 this 关键字

在实例方法内部使用 this，代表使用该方法的当前对象。

例如：

```
public class Circle {
    private double radius;
    private double area;
    public Circle() {
        this(10.0);   //表示另一个构造方法
    }
    public Circle(double radius) {
        this.radius=radius;
        }
    private void computeArea() {
        area=Math.PI*this.radius*radius;
        //在类的实例方法中使用 this 关键字
    }
    public void printArea() {
        this.computeArea();
        //在类的实例方法中使用 this 关键字
    }
}
```

测试类代码：

```
public class CircleTest {
    public static void main(String[] args) {
        Circle circle=new Circle(20);
        circle.printArea();
    }
}
```

运行结果：

半径为 20.0 的面积为 1256.6370614359173

3. 使用 this 区分成员变量和局部变量

如果局部变量的名字与成员变量的名字相同，则成员变量被隐藏，即这个成员变量在这个方法内暂时失效，这时如果该方法内部使用成员变量，需要在成员变量前面加上"this."关键字。

```java
public class Circle {
    private double radius;
    private double area;
    public Circle() {
        this(10.0);                    //表示另一个构造方法
    }
    public Circle(double radius) {
        this.radius=radius;            //使用 this 区分成员变量和局部变量
    }
    public double getRadius() {
        return radius;
    }
    public void setRadius(double radius) {
        this.radius=radius;            //使用 this 区分成员变量和局部变量
    }
    private void computeArea() {
        area=Math.PI*this.radius*radius;
        //在类的实例方法中使用 this 关键字
    }
    public void printArea() {
        this.computeArea();
        //在类的实例方法中使用 this 关键字
    }
}
```

4. this 不能出现在类方法中

this 不能出现在类方法中，这是因为，类方法可以通过类名直接调用，这时可能还没有任何对象产生，可以简单理解 this 从属于对象，因此必须先有对象存在。而类方法从属于类，要先于对象存在，所以不能在类方法中访问 this。

7.2.6　super 关键字

super 只能用于与实例有关的代码块中，如实例方法、构造方法、实例初始化代码块或者实例变量的初始化代码块等。super 代表当前或者正在创建的对象的父类，通常可以利用这一关键字实现对父类同名属性或方法的调用。在构造方法中，还可以用 super 关键字代表要调用的父类构造方法，以实现构造方法链的初始化。由于 Object 类为 Java 的根类父类，因此，如果在 Object 类中使用关键字 super 将引发编译时错误。

1. 使用 super 调用父类的构造方法

子类不继承父类的构造方法，因此，子类如果想使用父类的构造方法，必须在子类的构造方法中使用，并且必须使用关键字 super 来表示，而且 super 必须是子类构造方法的第一条语句。这一点在子类对象的构造过程一节已举例说明，此处不再赘述。

2. 使用 super 操作被隐藏的成员变量和方法

例如：

```
class A {
    int x=3,y=5;
    double add() {
        return x+y;
    }
}
class B extends A {
    int x=32,y=35;
    double add() {
        return super.x+super.y;
    }
    double addR() {
        return x+y;
    }
    double addA(){
        return super.add();
    }
}
public class Atest {
    public static void main(String[] args){
        A a=new A();
        B b=new B();
        System.out.println("b.add="+b.addR()) ;
        System.out.println("a.add="+a.add());
        System.out.println("a.add="+b.addA());
    }
}
```

运行结果：

```
b.add=67.0
a.add=8.0
a.add=8.0
```

说明：在本实例中，子类 B 使用 super.x 和 super.y 调用父类 A 被隐藏的成员变量 X 和 y，使用 super.add()调用父类 A 被隐藏的方法 add()。

7.3 多 态

多态是指程序中定义的引用变量所指向的具体类型在编程时并不确定，而是在程序运行期间才确定。由于在程序运行时才确定具体的类，即不修改程序代码就可以改变程序运行时所绑定的具体代码，让程序选择多个运行状态，这就是多态性。

7.3.1 多态的概念

多态（Polymorphism），用通俗易懂的话来说，就是"子类是父类"（猫是动物），因此多态的意思就是：父类型的引用可以指向子类的对象。方法的重写、重载与动态连接构成多态性。Java 之所以引入多态的概念，原因之一是它在类的继承问题上和 C++不同，后者允许多继承，这确实给其带来非常强大的功能，但是复杂的继承关系也给 C++开发者带来了更大的麻烦，为了规避风险，Java 只允许单继承，派生类与基类间有 IS-A 的关系（即"猫" is a "动物"）。这样做虽然保证了继承关系的简单明了，但是势必在功能上有很大的限制，所以，Java 引入了多态性的概念以弥补这个不足。此外，抽象类和接口也是解决单继承规定限制的重要手段。同时，多态也是面向对象编程的精髓所在。在一个类中，可以定义多个同名的方法，只要确定它们的参数个数和类型不同，这种现象称为类的多态。类的多态性体现在两方面：一是方法的重载上，包括成员方法和构造方法的重载；二是在继承过程中方法的重写。

多态可分为编译时多态和运行时多态。编译时多态主要是体现在方法重载上，系统在编译时就能确定调用重载函数的哪个版本。一般来说，多态指的是一种运行期的行为，而不是编译期的行为。运行时多态基于面向对象的继承性实现，它指的是父类型的引用可以指向子类型的对象。通过一个父类引用发出的方法调用可能执行的是方法在父类中的实现，也可能是某个子类中的实现，它由运行时刻具体的对象类型决定。

多态指同一个实体同时具有多种形式。它是面向对象程序设计的一个重要特征。如果一种语言只支持类而不支持多态，只能说明它是基于对象的，而不是面向对象的。在 Java 中，多态是面向对象的程序设计语言最核心的特征。多态，意味着一个对象有多重特征，可以在特定的情况下表现不同的状态，从而对应不同的属性和方法。

7.3.2 多态的实现

从程序设计的角度而言，多态可以如下实现：

```
public class Animal//父类
{
    public void eat()
    {
        System.out.println("Animal is eating");
    }
}
public class Dog extends Animal
{
```

```
    public void eat()
    {
        System.out.println("Dog is eating");
    }


}
public class Cat extends Animal
{
    public void eat()
    {
    System.out.println("Cat is eating");
    }


}
```

继承为多态的实现做了准备。子类继承父类后，父类类型的引用变量就既可以指向父类对象，也可以指向子类对象。当相同的消息发送给一个对象引用时，该引用会根据具体指向子类还是父类对象而执行不同的行为。多态性就是相同的消息使得不同对象做出不同响应的机制。

Java 中有两种形式可以实现多态：继承和接口。

就基于继承实现多态性而言，实现多态有三个必要条件：继承关系、重写和向上转型。也就是说，多态必须存在有继承关系的子类和父类间，而且，子类对父类中某些方法进行了重新定义，即方法被子类重写，子类对同一方法的重写使它表现出不同的行为。同时，需要将子类的引用赋值给父类对象引用，只有这样父类引用才能够具备调用父类方法和子类方法的能力。

只有满足了上述三个条件，才能够在一个继承结构中使用统一的逻辑代码处理不同的对象，从而达到执行不同动作的目的。需要强调的是，基于继承实现多态必须遵循一个准则：当父类引用变量引用子类对象时，被引用对象的类型而不是引用变量的类型决定了调用谁的成员方法，而且该方法必须是在父类中定义过，同时又在子类中被重写过的方法。

例如，添加上述代码的测试类：

```
public class AnimalTest {
    public static void main(String[] args) {
        Animal a=new Dog();
        a.eat();
    }
}
```

运行结果：

```
Dog is eating
```

7.3.3　对象转型

多态性是面向对象的重要特征。方法重载和方法覆写实际上属于多态性的一种体现，真正的多态性还包括对象多态性的概念。

对象多态性主要是指子类和父类对象的相互转换关系。

① 向上类型转换（upcast）：这是一种自动的类型转换，不需要强制转换，子类是父类的特殊化，每个子类的实例都是其父类的实例，但是反过来就不成立。例如，将 Cat 类型转换为 Animal 类型，即将子类型转换为父类型。对于向上类型转换，不需要显式指定。

例如以下语句是正确的：

```
Animal a=new Dog();
```

② 向下类型转换（Downcast）：例如将 Animal 类型转换为 Cat 类型，即将父类型转换为子类型。对于向下类型转换，必须显式指定（必须使用强制类型转换）：

```
Dog dog=(Dog)(new Animal());
```

如果不用强制类型转换，会有编译错误，因为编译器不知道 Animal 对象是 Dog 对象，因此必须要显式地加上类型（Dog）才可以。这种强制的方式实际上还是会存在风险，必须完全确定能够进行转换才可以，如果不能够转换（假设将 Dog 对象转换为 Cat 对象），那么程序运行过程中会产生错误。因此，引入一个新的关键字 instanceof。

上述代码可以转化为如下代码：

```
Animal a=new Animal();
if(a instanceof Dog)
    Dog dog=(Dog)a;
```

这种方式可以避免出现编译错误，先判断 a 是不是 Dog 的一个实例，如果是就进行强制类型转换。

7.4 equals()方法

操作符"=="可以用于比较两个基本类型的变量是否相等，但若使用该运算符比较两个对象的引用变量，则实质上是比较两个引用变量是否指向了相同的对象。这里相同的对象是指在堆中占用同一块内存单元中的同类型对象。

若比较两个对象的引用变量所指向的对象内容是否相同，则应该使用 equals()方法，该方法的返回值类型是 boolean。equals( )方法是 Object 类中定义的方法，默认情况下它比较的是对象的引用是否相同。需要注意的是，String、Integer、Date 中这个方法被重写了，在这些类中 equals()方法有其自身的实现，而不再是比较对象在堆内存中的存放地址了，这些对象调用 equals()方法比较的是对象的内容。若用自定义的类来创建对象，则调用 equals()方法比较的是两个引用是否指向了同一个对象。因此，如果自定义的类想要支持对象内容的比较，需要在类中重写 equals( )方法，即定义如何比较该类的对象的内容。

例如，String 类中的 equals()方法如下：

```
public boolean equals(Object anObject) {
        if(this==anObject) {
            return true;
        }
        if(anObject instanceof String) {
            String anotherString=(String)anObject;
            int n=value.length;
            if(n==anotherString.value.length) {
```

```
        char v1[]=value;
        char v2[]=anotherString.value;
        int i=0;
        while(n--!=0) {
            if(v1[i]!=v2[i])
                return false;
            i++;
        }
        return true;
    }
}
return false;
}
```

小　结

　　封装（面向对象特征之一）是指隐藏对象的属性和实现细节，仅对外提供公共访问方式。优点：将变化隔离，便于使用，提高重用性、安全性。

　　封装原则：将不需要对外提供的内容都隐藏起来，把属性都隐藏，提供公共方法对其访问。

　　继承的优点：①提高了代码的复用性。②让类与类之间产生了关系，提供了另一个特征多态的前提。

　　父类的由来：其实是由多个类不断向上抽取共性内容而来的。

　　Java 中对于继承，Java 只支持单继承。Java 虽然不直接支持多继承，但是保留了这种多继承机制，进行了改良。

　　单继承：一个类只能有一个父类。

　　多继承：一个类可以有多个父类。

　　多态：函数本身就具备多态性，某一种事物有不同的具体体现。

　　体现：父类引用或者接口的引用指向了自己的子类对象。父类可以调用子类中覆写过的父类中有的方法。

　　多态的好处：提高了程序的扩展性。继承的父类或接口一般是类库中的东西，（如果要修改某个方法的具体实现方式）只有通过子类去覆写要改变的某一个方法，这样在通过将父类的应用指向子类的实例去调用覆写过的方法就行了。

　　多态的弊端：当父类引用指向子类对象时，虽然提高了扩展性，但是只能访问父类中具备的方法，不可以访问子类中特有的方法。（前期不能使用后期产生的功能，即访问的局限性）

　　多态的前提：①必须要有关系，比如继承、或者实现。②通常会有覆盖操作。

习 题

一、选择题

1. 下列不属于面向对象程序设计的基本特征的是（　　）。

    A. 抽象　　　　　　　B. 封装　　　　　　C. 继承　　　　　　D. 静态

2. 关键字（　　）表明一个对象或变量在初始化后不能修改。

    A. extends　　　　　B. final　　　　　　C. this　　　　　　D. finalize

3. 声明为 static 的方法不能访问（　　）类成员。

    A. 超类　　　　　　　　　　　　　　　B. 子类

    C. 非 static　　　　　　　　　　　　　D. 用户自定义类

4. 请看下面的程序段：

```
class Person{
  String name,department;
int age;
public Person(String n){name=n;}
public Person(String n,int a){name=n; age=a;}
public Person(String n,String d,int a ){
//doing the same as two arguments version if constructer
}
```

    下面（　　）选项可以添加到 // doing the same…处。

    A. Person(n,a)　　　　　　　　　　　B. this(Person(n,a))

    C. this(n,a)　　　　　　　　　　　　D. this(name.age)

5. 编译运行下面的程序，结果是（　　）。

```
public class A{
  public static void main(String args[]){
     B b=new B();
     b.test();
  }
  void test(){
     System.out.print("A");
  }
}
class B extends A{
  void test(){
     super.test();
     System.out.print("B");
  }
}
```

    A. 产生编译错误

    B. 代码可以编译运行，并输出结果 AB

    C. 代码可以编译运行，但没有输出

D. 编译没有错误，但会产生运行时异常

6. 已知类关系如下：

```
Class Employee{}
Class Manager extends Employee{}
Class Director extends Employee{}
```

则下列语句正确的是（　　　）。

A. Employee e=new Manager();　　　　B. Director d=new Manager();

C. Director d =new Employee ();　　　　D. Manager m=new Director ();

7. 在子类构造方法的（　　　）可以调用其父类的构造方法。

A. 任何地方

B. 构造方法的第一条语句

C. 构造方法的最后一条语句

D. 无法在子类构造方法中调用父类的构造方法

8. 关于 Java 中的继承，下列说法错误的是（　　　）。

A. 继承是面向对象编程的核心特征，通过继承可以更有效地组织程序结构

B. 继承使得程序员可以在原有类的基础上很快设计出一个功能更强的新类，而不必从头开始，避免了工作上的重复

C. 每一次继承时，子类都会自动拥有父类的属性和方法，同时也可以加入自己的一些特性，使得它更具体，功能更强大

D. 继承一般有多继承和单继承两种方式，在单继承中每一个类最多只有一个父类，而多继承则可以有多个父类。Java 中的类都采用多继承

9. 当方法中的局部变量与成员变量同名时，必须使用下列（　　　）关键字指出成员变量。

A. static　　　　　　B. super　　　　　　C. this　　　　　　D. new

10. （　　　）方法不能被重写。

A. 私有（private）方法　　　　　　　　B. 最终（final）方法

C. 受保护（protected）的方法　　　　　D. 以上都不对

11. 下列程序中有（　　　）处错误。

```
abstract class A{
    abstract void f(){};
    public abstract void k();
}
class B extends A{
    protected void f(){    }
    void k(){
        System.out.print("I am subclass");
    }
    public static void main(String[] args) {
        A a=new A();
        a.f();
        a.k();
    }
}
```

A. 1   B. 2   C. 3   D. 4

12. 在 Java 中，下列说法正确的是（   ）。

     A. 一个子类可以有多个父类，一个父类也可以有多个子类

     B. 一个子类可以有多个父类，但一个父类只可以有一个子类

     C. 一个子类只可以有一个父类，但一个父类可以有多个子类

     D. 上述说法都不对

13. Father 和 Son 是两个 Java 类，下列（   ）正确地标识出了 Father 是 Son 的父类。

     A. class Son implements Father   B. class Father implements Son

     C. class Father extends Son   D. class Son extends Father

14. 重载指的是方法具有相同的名字，但这些方法的参数必须不同。下列（   ）不属于方法参数的不同。

     A. 形式参数的个数不同   B. 形式参数的类型不同

     C. 形式参数的名字不同   D. 形式参数类型的排列顺序不同

15. 能作为类的修饰符，也能作为类成员的修饰符的是（   ）。

     A. public   B. extends   C. float   D. static

16. 试完成下述程序片段（   ）。

```java
public class Point{
    int x,y;
    public  Point(int x,int y){
        (   )=x;
        (   )=y;
    }
    ...
}
```

     A. Point.x   Point.y   B. this.x   this.y

     C. super.x   super.y   D. 无解

二、填空题

1. _____方法是一种仅有方法声明，没有具体方法体和操作实现的方法，该方法必须在_____类之中定义。

2. 在 Java 程序中，通过类的定义只能实现_____继承，但通过_____的定义可以实现多继承关系。

3. 一般 Java 程序的类主体由两部分组成：一部分是_____，另一部分是_____。

4. 用_____关键字来定义类，用_____关键字来分配实例存储空间。

5. 当一个类的修饰符为_____时，说明该类不能被继承，即不能有子类。

6. 在 Java 中，能实现多继承效果的方式是_____。

三、程序题

1. 写出下面程序的运行结果。

```java
abstract class A {
```

```
        private int x=100;
        public A(){
            this.print();
        }
        public abstract void print();
    }
    class B extends A {
            private int x=200;
            public B(int x){
                this.x=x;
            }
            public void print(){
                System.out.println("x="+x);
            }
        }
    public class Test1 {
        private void mian()    {
            A a=new B(20);
        }
    }
```

程序运行结果为：_____。

2. 写出下面程序的运行结果。

```
public class Test2 extends TT{
    public void main(String args[]){
        Test2 t=new Test("Tom");
    }
    public Test2(String s){
        super(s);
        System.out.println("How do you do?");
    }
    public Test2(){
        this("I am Tom");
    }
}
class TT{
    public TT(){
        System.out.println("What a pleasure!");
    }
    public TT(String s){
        this();
        System.out.println("I am "+s);
    }
}
```

程序运行结果为：_____。

3. 写出下面程序的运行结果。

```
class MyException extends Exception {
    public MyException(String message) {
```

```
            super(message);
        }
    }
    public class Test3 {
        private static void fun1() throws MyException {
            throw new MyException("An MyException object is thrown in fun1().");
        }
        private static void fun2() throws MyException {
            try{
                fun1();
            }
            catch(NullPointerException ex)      {
                System.out.println("NullPointerException、"+ex.getMessage());
            }
            finally{
                System.out.println("Go through finally code in fun2().");
            }
        }
        public static void main (String[] args) {
        try {
            fun2();
        }
            catch(MyException ex) {
                System.out.println("MyException:"+ex.getMessage());
            }
            catch(Exception ex) {
                System.out.println("Exception:"+ex.getMessage());
            }
        }
    }
```

程序运行结果为: _____。

4. 写出下面程序的运行结果。

```
class A{
    public A(){
        System.out.println("The default constructor of A is invoked");
    }
}
class B extends A{
    public B(){
        System.out.println("The default constructor of B is invoked");
    }
}
public class Test4{
    public static void main(String[] args){
        B b=new B();
    }
}
```

程序运行结果为：_____。

5. 阅读下列程序，写出运行结果。

```
class A{
    String s="class A";
    void show(){
        System.out.println(s);
    }
}
class B extends A{
    String s="class B";
    void show() {
        System.out.println(s);
    }
}
public class TypeConvert{
    public static void main(String args[]){
        B b1;
        B b2=new B();
        A a1,a2;
        a1=(A)b2;
        a2=b2;
        System.out.println(a1.s);
        a1.show();
        System.out.println(a2.s);
        a2.show();
        b1=(B)a1;
        System.out.println(b1.s);
        b1.show();
        System.out.println(b2.s);
        b2.show();
    }
}
```

程序运行结果为：_____。

6. 阅读下列程序，写出程序运行结果。

```
class A {
    int i, j;
    public A(){
        this.i=0;
        this.j=0;
    }
    public void print(){
        System.out.println ("i="+i+""+"j="+j);
    }
}
class B extends A{
    int m;
```

```
        public B (int i,int j,int m){
            super();
            this.m=m;
        }
        public void print(){
            System.out.println ("i="+i+"m="+m);
        }
    }
public class C{
    public static void main(String[] args){
        A a=new A();
        B b=new B(1,2,3);
        a.print();
        b.print();
    }
}
```

程序运行结果为: _____。

7. 阅读下列程序，写出程序运行结果。

```
class SuperClass{
    int x=10;
    int y=20;
    public void show(){
        System.out.println("我是父类的成员方法! ");
    }
}
class SubClass extends SuperClass{
    int z=30;
}
public class JC {
  public static void main(String[] args) {
    SuperClass father=new SuperClass();
    SubClass child=new SubClass();
    System.out.println("父类 SuperClass 成员变量、"+father.x+","+father.y);
    System.out.println("子类 SubClass 成员变量、"+child.x+","+child.y+","+child.z);
  }
}
```

程序运行结果为: _____。

8. 阅读下列程序，写出程序运行结果。

```
class Base{
    int i;
    Base(){
        add(1);
        System.out.println(i);
    }
    void add(int v){
        i+=v;
```

```
                System.out.println(i);
        }
        void print(){
            System.out.println(i);
        }
    }
    class MyBase extends Base{
        MyBase(){
            add(2);
        }
        void add(int v){
            i+=v*2;
            System.out.println(i);
        }
    }
    public class TestClu {
        public static void main(String[] args) {
            go(new MyBase());
            //System.out.println();
        }
        static void go(Base b){
            b.add(8);
            //b.print();
        }
    }
```

程序运行结果为：_____。

9. 阅读下列程序，写出程序运行结果。

```
    class Base{Base(){
            System.out.println("Base");
        }
    }
    public class Checket extends Base{
        Checket(){
            System.out.println("Checket");
            super();
        }
        public static void main(String[] argv){
            Checket c=new Checket();
            //super();
        }
    }
```

程序运行结果为：_____。

四、编程题

1. 编程实现。以电话 Phone 为父类（例如，电话有本机号码、打电话、接电话等属性和功能，当然还有一些其他特性），移动电话 Mobilephone 和固定电话 Fixedphone 为两个子类，并使移动电话实现接口：可移动 Moveable。固定电话又有子类：无绳电话 Cordlessphone。设计并定义这几个类，明确它们的继承关系，定义子类时给出子类有别于父类的新特性。

2. 声明测试类。声明 Phone 类的数组（含 5 个元素），生成 5 个对象存入数组、其中两个 Phone 类的对象、一个 Mobilephone 类的对象、一个 Fixedphone 类的对象和一个 Cordlessphone 类的对象，打印输出每个对象的某个成员变量。将一个父类的引用指向一个子类对象，用这个修改后的对象来调用某个方法实现多态性。

第8章　抽象类和接口

　　学习到这里，我们已经了解了类和对象的概念，了解了继承和多态，这些是面向对象程序设计最核心的概念。本章介绍两个常见的高级技术：抽象类和接口。

　　抽象类是一个代表某一个概念，而不能有对象，不能实例化的类。

　　接口比抽象类更进一层，接口技术用来描述类具有什么功能，但却并不给出类的功能的实现。接口不是类，它只是一组需求的描述。一个类可以实现一个或者多个接口。实现了接口的类，就是遵从接口规定的方法来实现。

8.1　抽　象　类

　　使用 abstract 关键字所修饰的类叫做抽象类。抽象类无法实例化，也就是说，不能 new 出来一个抽象类的对象（实例）。使用 abstract 关键字所修饰的方法叫做抽象方法。抽象方法需要定义在抽象类中。相对于抽象方法，之前所定义的方法叫做具体方法（有声明、有实现）。如果一个类包含了抽象方法，那么这个类一定是抽象类。如果某个类是抽象类，那么该类可以包含具体方法（有声明、有实现）。如果一个类中包含了抽象方法，那么这个类一定要声明成 abstract class，也就是说，该类一定是抽象类；反之，如果某个类是抽象类，那么该类既可以包含抽象方法，也可以包含具体方法。无论何种情况，只要一个类是抽象类，那么这个类就无法实例化。在子类继承父类（父类是个抽象类）的情况下，那么该子类必须要实现父类中所定义的所有抽象方法；否则，该子类需要声明成一个 abstract class。

　　如果从一个抽象类继承，而且想生成新类型的一个对象，就必须为基础类中的所有抽象方法提供方法定义。

　　如果不这样做（完全可以选择不做），则衍生类也会是抽象的，而且编译器会强迫用 abstract 关键字标志那个类的"抽象"本质。

　　即使不包括任何 abstract 方法，亦可将一个类声明成"抽象类"。如果一个类没必要拥有任何抽象方法，而且想禁止那个类的所有实例，那么这种能力就会显得非常有用。

　　在面向对象的概念中，所有的对象都是通过类来描绘的，但是反过来却不是这样。并不是所有的类都是用来描绘对象的，如果一个类中没有包含足够的信息来描绘一个具体的对象，这样的类就是抽象类。抽象类往往用来表征在对问题领域进行分析、设计中得出的抽象概念，是对一系列看上去不同，但是本质上相同的具体概念的抽象。例如，如果进行一个图形编辑软件的开发，就会发现问题领域存在着圆、三角形这样一些具体概念，它们是不同的，但是它们又都属于形状这样一个概念，形状这个概念在问题领域是不存在的，它就是一个抽象概念。正是因为抽象概念在问题领域没有对应的具体概念，所以用以表征抽象概念的抽象类是不能够实例化的。

在面向对象领域，抽象类主要用来进行类型隐藏。可以构造出一个固定的一组行为的抽象描述，但是这组行为却能够有任意个可能的具体实现方式。这个抽象描述就是抽象类，而这一组任意个可能的具体实现则表现为所有可能的派生类。模块可以操作一个抽象体。由于模块依赖于一个固定的抽象体，因此它可以是不允许修改的；同时，通过从这个抽象体派生，也可扩展此模块的行为功能。为了能够实现面向对象设计的一个最核心的原则 OCP（Open-Closed Principle），抽象类是其中的关键所在。

从继承层次由下向上看，类变得更通用也更抽象。比如，Animal 比 Dog、Cat、Pig 都更抽象，甚至只具备概念上的意义，Animal 类本身并不需要有其特定的实例对象，这样更高抽象层次的超类只具有抽象意义的类，不需要具体实例化的类叫做抽象类。每一种 Animal 都用一个类来表示，所以 Animal 类只能用来表示一个子类。这种类就是抽象类。一个方法如果无法实现，那么这个方法就是抽象的。想一下有 Animal 类、Dog 类、Cat 类和 Pig 类，每个 Animal 都可以吃东西所以有 eat()方法，每一个不同的 Animal 吃的东西都不一样，所以 Animal 类的 eat 方法可以设置成抽象方法。

仅声明方法名称而不实现当中的逻辑，这样的方法称为抽象方法。如果一个类别中包括了抽象方法，则该类别称为抽象类。抽象类不能被用来生成对象，它只能被子类继承，并于继承后完成未完成的抽象方法定义。

用 abstract 关键字来修饰一个类时，这个类叫做抽象类；用 abstract 修饰一个方法时，该方法叫做抽象方法 。

下面是抽象方法声明时采用的语法：

```
[modifiers] abstract DataType methodName(paramterList);
```

下面是一个抽象类的定义：

```java
abstract class Animal {
    private String name;
    private int age;
    public String getName() {
        return name;
    }
    public void setName(String name) {
        this.name=name;
    }
    public int getAge() {
        return age;
    }
    public void setAge(int age) {
        this.age=age;
    }
    public abstract void eat();
    public static void breath() {
```

```
        System.out.println("Animal is breathing");
    }
}
```

类名前有 abstract 关键字修饰，这表示动物类（Animal）是抽象的。方法 eat()前，有关键字 abstract 关键字修饰，这表示 eat()方法是抽象的，此方法可以不实现 。

含有抽象方法的类必须被声明为抽象类，抽象类必须被继承，抽象方法必须被重写。抽象类一般是一个基础的实现框架。抽象方法只需声明，而不需实现。

① 非抽象类无法包含抽象方法，因为一个类如果有抽象的方法，那么类就一定是抽象类。

② 抽象类可以包含非抽象方法。

③ 抽象类中可以没有任何的抽象方法，只是类本身是抽象的。

④ 继承抽象类的类，可以实现超类中的所有方法，也可以不实现超类中的抽象方法。如果不实现，那么它本身就必须是抽象类。就算实现了抽象类中所有的方法，如果本类不想被实例化，依然可以设置为抽象类。

Animal 类：

```java
abstract class Animal {
    private String name;
    private int age;
    public String getName() {
        return name;
    }
    public void setName(String name) {
        this.name=name;
    }
    public int getAge() {
        return age;
    }
    public void setAge(int age) {
        this.age=age;
    }

    public Animal() {
    }
    public Animal(String name,int age) {
        this.name=name;
        this.age=age;
    }
    public abstract void eat();
    public static void breath() {
        System.out.println("Animal is breathing");
    }
}
```

Dog 类：

```java
public class Dog extends Animal{
    public void eat() {
```

```
        System.out.println("Dog is eating");
    }
}
```

8.2 接　口

Java 接口是一系列方法的声明，是一些方法特征的集合，一个接口只有方法的特征没有方法的实现，因此，这些方法可以在不同的地方被不同的类实现，而这些实现可以具有不同的行为（功能）。

① Java 接口是 Java 中存在的结构，有特定的语法和结构。

② 接口是一个类所具有的方法的特征集合，是一种逻辑上的抽象。

前者叫做 "Java 接口"，后者叫做 "接口"。

8.2.1　接口的定义

Java 不支持一个类有多个直接的父类（多继承），但现实中，又有很多类似于多继承的例子，比如教师，他的父类既可以是人，也可以是父母，所以，在 Java 中就用继承来填充这个空缺。Java 不可以多继承，但可以实现（Implements）多个接口，间接地实现了多继承。

接口的声明是使用 interface 关键字，声明方式如下：

```
public interface InterfaceName{
    //零个到多个常量定义
    //零个到多个抽象方法定义
}
```

代码如下：

```
interface InterfaceA{
    [public static final] int a=1;
    [public abstract]void testA();
}
```

8.2.2　实现接口

一个类可以只可以继承一个父类，但是可以实现多个接口，要实现多个接口中的所有抽象方法。

实现接口的方式如下：

```
class ClasName implements InterfaceName1,InterfaceName2...{
    //实现接口中所有的方法
    ...
}
```

代码如下：

```
interface InterfaceA{
    [public static final] int a=1;
    [public abstract ]void testA();
}
interface InterfaceB{
```

```
    [public static final] int b=1;
    [public abstract]void testB();
}
class ClassC implements InterfaceA,InterfaceB{
    public abstract void testA(){
        ...
    }
    public abstract void testB(){
        ...
    }

}
```

8.2.3　继承接口

一个接口可以继承另外一个接口，那么子接口就继承了父接口中所有的方法。Java 中类只能有一个父类，但是接口可以有多个父接口。接口是支持多继承的。

实现接口的方式如下：

```
interface SubInterfaceName implements InterfaceName1,InterfaceName2...{
    ...
}
```

代码如下：

```
interface InterfaceA{
    [public static final] int a=1;
    [public abstract]void testA();
}
interface InterfaceB{
    [public static final] int b=1;
    [public abstract]void testB();
}
interface InterfaceC extends InterfaceA,InterfaceB{
    ...
}
```

8.2.4　接口的特征

接口具有以下特征：

① Java 接口中的成员变量默认都是 public、static、final 类型的（都可省略），必须被显示初始化，即接口中的成员变量为常量（大写，单词之间用"_"分隔）。

② Java 接口中的方法默认都是 public、abstract 类型的（都可省略），没有方法体，不能被实例化。

③ Java 接口中只能包含 public、static、final 类型的成员变量和 public、abstract 类型的成员方法。

④ 接口中没有构造方法，不能被实例化。

⑤ 一个接口不能实现另一个接口，但它可以继承多个其他接口。

⑥ Java 接口必须通过类来实现它的抽象方法：

```
public class A implements B{...}
```

⑦ 当类实现了某个 Java 接口时，它必须实现接口中的所有抽象方法，否则这个类必须声明为抽象的。

⑧ 不允许创建接口的实例（实例化），但允许定义接口类型的引用变量，该引用变量引用实现了这个接口的类的实例。

⑨ 一个类只能继承一个直接的父类，但可以实现多个接口，间接地实现多继承。

⑩ 通过接口，可以方便地对已经存在的系统进行自下而上的抽象，对于任意两个类，不管它们是否属于同一个父类，只要它们存在相同的功能，就能从中抽象出一个接口类型。对于已经存在的继承树，可以方便地从类中抽象出新的接口，但从类中抽象出新的抽象类却不那么容易，因此接口更有利于软件系统的维护与重构。对于两个系统，通过接口交互比通过抽象类交互能获得更好的松耦合。

⑪ 接口是构建松耦合软件系统的重要法宝。由于接口用于描述系统对外提供的所有服务，因此接口中的成员变量和方法都必须是 public 类型的，确保外部使用者能访问它们。接口仅仅描述系统能做什么，但不指明如何去做，所有接口中的方法都是抽象方法。接口不涉及和任何具体实例相关的细节，因此接口没有构造方法，不能被实例化，没有实例变量。

8.2.5 比较抽象类与接口

1. 抽象类与接口的相同点

① 代表系统的抽象层，当一个系统使用一颗继承树上的类时，应该尽量把引用变量声明为继承树的上层抽象类型，这样可以提高两个系统之间的松耦合。

② 都不能被实例化。

③ 都包含抽象方法，这些抽象方法用于描述系统能提供哪些服务，但不提供具体的实现。

2. 抽象类与接口的不同点

① 在抽象类中可以为部分方法提供默认的实现，从而避免在子类中重复实现它们，这是抽象类的优势，但这一优势限制了多继承，而接口中只能包含抽象方法。由于在抽象类中允许加入具体方法，因此扩展抽象类的功能，即向抽象类中添加具体方法，不会对它的子类造成影响，而对于接口，一旦接口被公布，就必须非常稳定，因为随意在接口中添加抽象方法会影响到所有的实现类，这些实现类要么实现新增的抽象方法，要么声明为抽象类。

② 一个类只能继承一个直接的父类，这个父类可能是抽象类，但一个类可以实现多个接口，这是接口的优势，但这一优势是以不允许为任何方法提供实现作为代价的。因此，为了简化系统结构设计和动态绑定机制，Java 语言禁止多继承。而接口中只有抽象方法，没有实例变量和静态方法，只有接口的实现类才会实现接口的抽象方法（接口中的抽象方法是通过类来实现的），因此，一个类即使有多个接口，也不会增加 Java 虚拟机进行动态绑定的复杂度。因为 Java 虚拟机永远不会把方法与接口绑定，而只会把方法与它的实现类绑定。

3. 使用接口和抽象类的总体原则

① 用接口作为系统与外界交互的窗口站在外界使用者（另一个系统）的角度，接口向使用者承诺系统能提供哪些服务，站在系统本身的角度，接口制定系统必须实现哪些服务，接口是系统中最高层次的抽象类型。通过接口交互可以提高两个系统之间的松耦合。系统 A 通过系统 B 进行交互，是指系统 A 访问系统 B 时，把引用变量声明为系统 B 中的接口类型，该引用变量引用系统 B 中接口的实现类的实例。

② Java 接口本身必须非常稳定，Java 接口一旦制定，就不允许随遇更改，否则会对外面使用者及系统本身造成影响。

③ 用抽象类来定制系统中的扩展点。抽象类可以完成部分实现。还要一些功能通过它的子类来实现。

 ## 8.3 final 关键字

final 可用来修饰类、变量和方法。final 修饰变量表示此变量的值是不能修改的，它是常量了。final 修饰引用数据类型，表示引用不能指向其他对象。某个 reference 一旦初始化用以代表某个对象后，就再也不能改而指向其他对象，但对象的数据可以被修改。

final 修饰类表示此类不能被继承。final 修饰方法表示这个方法不能被重写。

示例程序：

```
public class FinalDemo
{
    //final 修饰基本类型的成员变量表示 x 的值不能改变
    final int x;
    //final 修饰引用类型,表示不能指向基本对象
    final ClassA a;
    public FinalDemo() {
        i=100;
        a=ClassA ();
        a.x=200;
        sb=newAB();                //不能指向其他对象,错误
    }
}
class ClassA{
    int x=100;
    public final void testA(){}    //test()方法不能被重写
}
class CalssB extends ClassA
{
    public void test0A{}           //test()方法是无法实现的, 错误
}
```

8.4 常 用 类

8.4.1 基本数据类型包装类

Java 是一种纯面向对象语言，但是 Java 中有 8 种基本数据类型，破坏了 Java 纯面向对象的特征。为了实现在 Java 中一切皆对象，Java 给每种基本数据类型分别匹配了一个类，这个类称为包装类。

1. 八大基本数据类型的包装类

八大基本数据类型的包装类如表 8-1 所示。

表 8-1　包装类

基本数据类型	包 装 类	基本数据类型	包 装 类
byte（字节）	java.lang.Byte	long（长整型）	java.lang.Long
char（字符）	java.lang.Character	float（浮点型）	java.lang.Float
short（短整型）	java.lang.Short	double（双精度）	java.lang.Double
int（整型）	java.lang.Integet	boolean（布尔）	java.lang.Boolean

2. 包装类的层次结构

包装类的层次结构如图 8-1 所示。

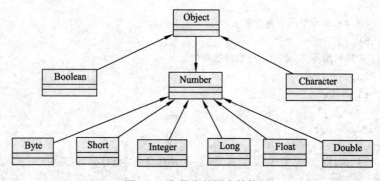

图 8-1　包装类的层次结构

3. 包装类中的常用方法

（1）装箱

把基本数据类型包装为对应的包装类对象的过程，代码如下：

```
Integer i1=new Integer(10);          //利用构造方法
Integer i2=Integer.valueOf(10);      //利用包装类中的静态方法
```

（2）拆箱

把包装类对象转换为对应的基本数据类型的过程，代码如下：

```
int i3=i1.intValue();                //返回包装类对象i1对应的基本数据
```

```
public class NumberWrap {
    public static void main(String[] args) {
        String str=args[0];
        //------------ String 转换成 Integer
        Integer integer=new Integer(str);          //方式一
        //Integer integer=Integer.valueOf(str);    //方式二
        //------------ Ingeter 转换成 String
        String str2=integer.toString();
        //------------ 把 integer 转换成 int
        int i=integer.intValue();
        //------------ 把 int 转换成 Integer
        Integer integer2=new Integer(i);
        //Integer integer2=Integer.valueOf(i);
        //------------ String 转换成 int
        int i2=Integer.parseInt(str);
        //------------ 把 int 转换成 String
        String str3=String.valueOf(i2);            //方式一
        String str4=i2+"";                         //方式二
    }
```

（3）自动装箱和自动拆箱

前面的装箱和拆箱操作相对较麻烦。自 JDK1.5 开始，Java 增加了对基本数据类型的自动装箱和自动拆箱操作。Java 编译器在编译时期会根据源代码的语法来决定是否进行装箱或拆箱。

① 自动装箱：可以直接把一个基本数据类型赋值给包装类。例如：

Double d=3.3; //自动装箱操作

② 自动拆箱：可以直接把一个包装类对象赋值给基本类型。例如：

int a=new Integer(3); //自动拆箱

自动装箱和自动拆箱简化了对包装类的操作。

8.4.2 Math 类

Math 类提供了一系列基本数学运算和几何函数的方法。Math 类是 final 类，它的所有成员变量和成员方法都是静态的。

1. 常量

static double E：比任何其他值都更接近 e（即自然对数的底数）的 double 值。

static double PI：比任何其他值都更接近 pi（即圆的周长与直径之比）的 double 值。

2. 静态方法

Math 类静态方法如表 8-2 所示。

表 8-2　Math 类静态方法

方　　法	说　　明
double sin(double a)	计算角 a 的正弦值
double cos(double a)	计算角 a 的余弦值

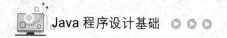

续表

方　法	说　明
double pow(double a, double b)	计算 a 的 b 次方
double sqrt (double a)	计算给定值的平方根
int abs (int a)	计算 int 类型值 a 的绝对值，也接收 long、float 和 double 类型的参数
double ceil (double a)	返回大于等于 a 的最小整数的 double 值
double floor (double a)	返回小于等于 a 的最小整数的 double 值
in max (int a, int b)	返回 int 型值 a 和 b 中的较大值，也接收 long、float 和 double 类型的参数
int min (int a, int b)	返回 a 和 b 中的最小值，也可接收 long、float 和 double 类型的参数
int round (float a);	四舍五入返回整数
double random()	返回带正号的 double 值，该值大于等于 0.0 且小于 1.0

8.4.3　Random 类

Random 类用于生成随机数。它的两种构造方法：

① Random()：创建一个新的随机数生成器。

② Random(long seed) ：使用单个 long 种子创建一个新的随机数生成器。

如果用相同的种子创建两个 Random 实例，则对每个实例进行相同的方法调用序列，它们将生成并返回相同的数字序列。

Random 类常用方法如表 8-3 所示。

表 8-3　Random 类常用方法

方　法	说　明
nextInt()	产生下一个 int 类型的随机数，值大于等于 0
nextInt(int n)	产生下一个 int 类型的随机数，值大于等于 0，并且小于 n
nextFloat()	产生一个 float 类型的随机数，值大于等于 0 并且小于 1.0
nextDouble()	产生一个 double 类型的随机数，值大于等于 0 并且小于 1.0
nextLong()	产生一个 long 类型的随机数，值位于 long 类型的取值范围

例如：

```java
import java.util.Random;
public class TestRandom {
    public static void main(String[] args) {
        Random random=new Random();
        for(int i=0;i<5;i++){
            System.out.println(random.nextInt(11));
        }

        Random random2=new Random(123);
        System.out.println(random2.nextDouble());

        Random random3=new Random(123);
```

```
        System.out.println(random3.nextDouble());
    }
}
```

8.4.4　System 类

System 类代表当前 Java 程序的运行平台，程序不能自己创建 System 类的对象。System 类提供了一些静态属性和方法，允许通过类名直接调用；System 类提供了代表标准输入、标准输出、错误输出的类属性；System 类提供了一些静态方法，用于访问环境变量、系统属性；System 类还提供了加载文件和动态链接库的方法。

1. System 类属性

System 类属性如表 8-4 所示。

表 8-4　System 类属性

static PrintStream	err "标准"错误输出流。
static InputStream	in "标准"输入流。
static PrintStream	out "标准"输出流。

2. System 类方法

① public static void exit(int status)：退出当前虚拟机。

② public static long currentTimeMillis()：获得当前系统的毫秒值（与 1970 年 1 月 1 日午夜之间的时间差）。

③ public static Properties getProperties()：获得当前的所有系统属性。

④ public static String getProperty(String key)：获得指定键的系统属性。

⑤ public static void setIn(InputStream in)：输入重定向。

⑥ public static void setOut(PrintStream out)：输出重定向。

⑦ public static void setErr(PrintStream err)：错误重定向。

8.4.5　Runtime 类

Runtime 类代表 Java 程序的运行时环境，每个程序都有一个与之关联的 Runtime 实例，应用程序通过该对象与运行时环境相连。

应用程序不能自己创建 Runtime 对象，可以通过 Runtime 的静态方法 getRuntime() 获得 Runtime 对象。

① Runtime 类可以访问 JVM 的相关信息，如处理器数量，内存信息等。

代码如下：

```
public class TestRuntime{
    public static void main(String [] args){
        Runtime rt=Runtime.getRuntime();
        System.out.println("处理器数量: "+rt.availableProcessors();
        System.out.println("空闲内存数: "+rt.freeMemory());
        System.out.println("总内存数: "+rt.totalMemory());
        System.out.println("可用最大内存数: "+rt.maxMemory());
    }
}
```

② Runtime 可以直接启动一条进程来运行操作系统的命令。

```
Runtime rt=Runtime.getRuntime();
//运行记事本程序
Rt.exec("notepad.exe");
```

8.4.6 Date 类

java.util.Date 类表示特定的瞬间，精确到毫秒。

1. 常用构造方法

① Date()：使用系统当前的时间创建一个 Date 实例。
内部就是使用 System. currentTimeMillis()获取系统当前时间的毫秒数来创建 Date 对象。
② Date(long dt)：使用自 1970 年 1 月 1 日 00:00:00 GMT 以来的指定毫秒数创建一个 Date
实例。

2. 常用方法

① getTime()：返回自 1970 年 1 月 1 日 00:00:00 GMT 以来此 Date 对象表示的毫秒数。
② toString()： 把此 Date 对象转换为以下形式的 String：
dow mon dd hh:mm:ss zzz yyyy：星期 月 日 时:分:秒 时区 年
Date 类中的方法 API 不易于实现国际化，大部分被废弃了。

8.4.7 SimpleDateFormat 类

SimpleDateFormat 是一个以与语言环境有关的方式来格式化和解析日期的具体类。
它允许进行格式化（日期→文本）、解析（文本→日期）和规范化。
例如：

```
import java.text.SimpleDateFormat;
import java.util.Date;
public class TestDateFormat {
    public static void main(String[] args) {
        Date date=new Date();
        SimpleDateFormat formater=new SimpleDateFormat();
        System.out.println(formater.format(date));
        SimpleDateFormat formater2=
                new SimpleDateFormat("yyyy年MM月dd日 EEE HH:mm:ss");
        System.out.println(formater2.format(date));
        try {
            Date date2=formater2.parse("2008年08月08日 星期一 08:08:08");
            System.out.println(date2.toString());
        } catch (ParseException e) {  e.printStackTrace();}
    }
}
```

8.4.8 Calendar 类

Calendar 类（日历）是一个抽象基类，主要用于完成日期字段之间相互操作的功能，即可以设置和获取日期数据的特定部分。

　　获取 Calendar 类的实例的方法：

① 使用 Calendar.getInstance()。

② 调用它的子类 GregorianCalendar 的构造方法。

　　一个 Calendar 的实例是系统时间的抽象表示，可以通过 get(int field)方法来取得想要的时间信息：

public int get(int field)：根据给定的日历字段获得当前时间中相应字段的值。

例如：

```
import java.util.Calendar;
import java.util.GregorianCalendar;
public class TestCalendar {
    public static void main(String[] args) {
        //Calendar objCalendar=Calendar.getInstance();
        Calendar objCalendar=new GregorianCalendar();
        //显示 Date 和 Time 的各个组成部分
        System.out.println("Date 和 Time 的各个组成部分: ");
        System.out.println("年: " + objCalendar.get(Calendar.YEAR));
        // 一年中的第一个月是 JANUARY，它为 0
        System.out.println("月: " + (objCalendar.get(Calendar.MONTH)));
        System.out.println("日: " + objCalendar.get(Calendar.DATE));
        //Calendar 的星期常数从星期日 Calendar.SUNDAY 是 1,
        //到星期六 Calendar.SATURDAY 是 7
        System.out.println("星期: " + (objCalendar.get(Calendar.DAY_OF_WEEK)));
        System.out.println("小时: " + objCalendar.get(Calendar.HOUR_OF_DAY));
        System.out.println("分钟: " + objCalendar.get(Calendar.MINUTE));
        System.out.println("秒: " + objCalendar.get(Calendar.SECOND));
```

Calendar 类常用方法：

public int get(int field)：根据给定的日历字段获得当前时间中相应字段的值

public void set(int field,int value)：将指定的日历字段设置为给定的值

public void add(int field,int amount)：根据日历的规则，为给定的日历字段添加或减去指定的时间量。

public final Date getTime()：返回一个表示此 Calendar 时间值的 Date 对象。

public final void setTime(Date date)：使用给定的 Date 设置此 Calendar 的时间。

public long getTimeInMillis()：返回此 Calendar 的时间毫秒值。

例如：

```
import java.util.Calendar;
import java.util.Date;
public class TestCalendar2 {
    public static void main(String[] args) {
        Calendar calendar=Calendar.getInstance();
        //从一个 Calendar 对象中获取 Date 对象
        Date date=calendar.getTime();
        //使用给定的 Date 设置此 Calendar 的时间
        calendar.setTime(date);
```

```
calendar.set(Calendar.DAY_OF_MONTH, 8);
System.out.println("当前时间日设置为 8 后,时间是:" + calendar.getTime());
calendar.add(Calendar.HOUR, 2);
System.out.println("当前时间加 2 小时后,时间是:" + calendar.getTime());
calendar.add(Calendar.MONTH, -2);
System.out.println("当前日期减 2 个月后,时间是:" + calendar.getTime());
    }
}
```

小　结

1. 抽象类

（1）抽象：不具体，看不明白。抽象类表象体现。

在不断抽取过程中，抽取共性内容中的方法声明，这时抽取到的方法并不具体，需要被指定关键字 abstract 声明为抽象方法。

抽象方法所在类一定要标示为抽象类，也就是说该类需要被 abstract 关键字所修饰。

（2）抽象类的特点：

① 抽象方法只能定义在抽象类中，抽象类和抽象方法必须由 abstract 关键字修饰（可以描述类和方法，不可以描述变量）。

② 抽象方法只定义方法声明，不定义方法实现。

③ 抽象类不可以被创建对象（实例化）。

④ 只有通过子类继承抽象类并覆盖了抽象类中的所有抽象方法后，该子类才可以实例化。否则，该子类还是一个抽象类。

（3）抽象类的细节：

① 抽象类中有构造函数，用于给子类对象进行初始化。

② 抽象类中可以定义非抽象方法。抽象类和一般类没有太大的区别，都是在描述事物，只不过抽象类在描述事物时，有些功能不具体。所以，抽象类和一般类在定义上，都是需要定义属性和行为的，只不过比一般类多了一个抽象函数，而且比一般类少了一个创建对象的部分。

③ 抽象关键字 abstract 和 final、private、static 不可以共存。

④ 抽象类中可以不定义抽象方法。抽象方法目的仅仅为了不让该类创建对象。

2. 接口

① 是用关键字 interface 定义的。

② 接口中包含的成员，最常见的有全局常量、抽象方法。

接口中的成员都有固定的修饰符。

成员变量：public static final。

成员方法：public abstract。

```
interface Inter{
    public static final int x=3;
```

```
    public abstract void show();
}
```

③ 接口中有抽象方法，说明接口不可以实例化。接口的子类必须实现了接口中所有的抽象方法后，该子类才可以实例化。否则，该子类还是一个抽象类。

④ 类与类之间存在着继承关系，类与接口中间存在的是实现关系。继承用 extends;实现用 implements。

⑤ 接口和类不一样的地方是接口可以被多实现，这是多继承改良后的结果。Java 将多继承机制通过多现实来体现。

⑥ 一个类在继承另一个类的同时，还可以实现多个接口。所以接口的出现避免了单继承的局限性，还可以将类进行功能的扩展。

⑦ 接口与接口之间存在着继承关系，接口可以多继承接口。

接口都用于设计上，设计上的特点：（可以理解主板上提供的接口）

① 接口是对外提供的规则。

② 接口是功能的扩展。

③ 接口的出现降低了耦合性。

3. 抽象类与接口

抽象类一般用于描述一个体系单元，将一组共性内容进行抽取。特点：可以在类中定义抽象内容让子类实现，可以定义非抽象内容让子类直接使用。其中定义的都是一些体系中的基本内容。接口一般用于定义对象的扩展功能，是在继承之外还需这个对象具备的一些功能。

（1）抽象类和接口的共性：都是不断向上抽取的结果。

（2）抽象类和接口的区别：

① 抽象类只能被继承，而且只能单继承。接口需要被实现，而且可以多实现。

② 抽象类中可以定义非抽象方法，子类可以直接继承使用。接口中都是抽象方法，需要子类去实现。

③ 抽象类使用的是 is a 关系。接口使用的 like a 关系。

④ 抽象类的成员修饰符可以自定义。接口中的成员修饰符是固定的。全都是 public 的。

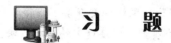 习　　题

一、选择题

1. 接口是 Java 面向对象的实现机制之一，以下说法正确的是（　　　）。

　A. Java 支持多继承，一个类可以实现多个接口

　B. Java 只支持单继承，一个类可以实现多个接口

　C. Java 只支持单继承，一个类可以实现一个接口

　D. Java 支持多继承，但一个类只可以实现一个接口

2. 下列有关抽象类与接口的叙述中正确的是（　　　）。

A. 抽象类中必须有抽象方法，接口中也必须有抽象方法

B. 抽象类中可以有非抽象方法，接口中也可以有非抽象方法

C. 含有抽象方法的类必须是抽象类，接口中的方法必须是抽象方法

D. 抽象类中的变量定义时必须初始化，而接口中不是

3. 下列程序运行的结果是（　　　　）。

```java
interface InterfaceA{
    String s="good ";
    void f();
}
class ClassA implements InterfaceA{
    public void f(){
        System.out.print(s);
    }
}

class ClassB{
    void g(InterfaceA a){
        a.f();
    }
}
public class E {
    public static void main(String[] args) {
        ClassB b=new ClassB();
        b.g(new ClassA());
    }
}
```

A. good

B. 编译正确，但无运行结果

C. 编译错误：b.g(new ClassA())

D. 以上都不对

4. 关于接口的定义和实现，以下描述正确的是（　　　　）。

A. 接口定义的方法只有定义没有实现

B. 接口定义中的变量都必须写明 final 和 static

C. 如果一个接口由多个类来实现，则这些类在实现该接口中的方法时采用统一的代码

D. 如果一个类实现接口，则必须实现该接口中的所有方法，但方法未必声明为 public

5. 下列程序运行的结果是（　　　　）。

```java
abstract class A {
    void f() {
        System.out.print("good");
    }
}
class B extends A {
    public voidf() {
        System.out.print("bad");
    }
    publicstatic void main(String[] args) {
```

```
            A b=newB();
            b.f();
        }
    }
```

A. good　　　　　　　B. bad　　　　　C. 编译错误　　　　D. 以上都不对

6. 下列类声明正确的是（　　　）。

A. abstract finalclass Plant { }　　　　　B. abstractprivate Sea() { }

C. protectedprivate number;　　　　　　D. public abstractclass Car { }

7. 下面的代码中正确的是（　　　）。

A.
```
class Example {
    abstract void g();
}
```

B.
```
interface Example {
    void g() {
        System.out.print("hello");
    }
}
```

C.
```
abstract class Example {
    abstract voidg() {
        System.out.print("hello");
    }
}
```

D.
```
abstract class Example {
    void g() {
        System.out.print("hello");
    }
}
```

8. 以下关于 abstract 的说法，正确的是（　　　）。

A. abstract 只能修饰类

B. abstract 只能修饰方法

C. abstract 类中必须有 abstract 方法

D. abstract 方法所在的类必须用 abstract 修饰

9. 下列说法正确的是（　　　）。

A. final 可修饰类、属性、方法

B. abstract 可修饰类、属性、方法

C. 定义抽象方法需有方法的返回类型、名称、参数列表和方法体

D. 用 final 修饰的变量，在程序中可对这个变量的值进行更改

10. 下列关于修饰符混用的说法错误的是（　　　）。

A. abstract 不能与 final 同时修饰一个类

B. 接口中不可以有 private 的成员

C. abstract 方法必须在 abstract 类或接口中

D. static 方法中能直接处理非 static 的属性

11. 抽象类 A 和抽象类 Test 的定义如下:

```
abstract class A {
    abstract int getInfo() {
    }
}
public class Test extends A {
    private int a=0;
    public int getInfo() {
        return a;
    }
    public static void main(String args[]) {
        Test b=new Test();
        System.out.println(b.getInfo());
    }
}
```

关于上述代码说明正确的是 (   )。

A. 输出结果为 0

B. 通过编译但没有输出任何结果

C. 程序第 5 行不能通过编译

D. 程序第 2 行不能通过编译

12. 下列有关抽象类与接口的叙述中正确的是 (   )。

A. 抽象类中必须有抽象方法，接口中也必须有抽象方法

B. 抽象类中可以有非抽象方法，接口中也可以有非抽象方法

C. 含有抽象方法的类必须是抽象类，接口中的方法必须是抽象方法

D. 抽象类中的变量定义时必须初始化，而接口中不是

13. 下列叙述正确的是 (   )。

A. 抽象类可以定义为 final 类，但抽象方法不可以定义为 final 方法

B. 一个类实现了一个接口，那么这个类必须实现该接口的所有方法

C. 类可以继承另一个类，但接口不可以继承另一个接口

D. 一个类只可以继承另一个类，但可以实现多个接口

14. 使用 interface 声明一个接口时，只可以使用 (   ) 修饰符修饰该接口。

A. private   B. public   C. protected   D. static

15. 下列关于接口的描述中说法正确的是 (   )。

A. 接口的实质是一种特殊的抽象类，里面只包含常量和抽象方法

B. 一个类最多只能有一个父类，一个接口最多只能有一个父接口

C. 一个类最多只能有一个父类，一个类最多只能实现一个接口

D. 接口的访问权限分 4 种：公有、私有、友好、受保护的

16. 如果 A 和 B 是接口的名字，非抽象类 C 实现了接口 A，则下面的代码中正确的是 (   )。

A. A a = newA();   B. A a = newC();

C. class Dimplement A & B { }   D. class Dextends A { }

17. 下列关于接口的描述中说法错误的是 (   )。

A. 类所实现的接口中的方法和常量，都可以通过类的对象来调用

B. 即便父类实现了某个接口，其子类也必须再次实现该接口，才能继承该接口中的常量和方法

C. 当一个类实现一个接口时，可以选择只实现接口中的部分抽象方法

D. 接口之间可以通过关键词 extends 定义继承关系，类和接口之间通过关键词 implements 定义实现关系

18. 关于类继承的说法，正确的是（　　）。

A. Java 类允许多继承　　　　　　　　　B. Java 接口允许多继承

C. 接口和类都允许多继承　　　　　　　D. 接口和类都不允许多继承

19. 以下类或者接口定义中正确的是（　　）。

A.
```
publicclass A {
    privateint x;
    publicint getX() {
        returnx;
    }
}
```

B.
```
publicabstract class A {
    private int x;
    publicabstract int getX() {
        returnx;
    }
    publicabstract int aMethod();
}
```

C.
```
publicclass a {
    private int x;
    public abstract int getX();
}
```

D.
```
publicinterface interfaceA {
    private int x;
    public int getX() {
        return x;
    }
}
```

20. 下面（　　）类实现了接口 Usable。

```
interface Usable {
    int eat(int data);
}
```

A.
```
class Human implements Usable{
    int use(int a) {
        return 1;
    }
}
```

B. `class Human extends Usable {`

```
    public int use(int a) {
    return 1;
    }
  }
```

C.
```
class Human implements Usable{
    public int use(int a) {
    return 1;
    }
  }
```

D.
```
class Human implements Usable{
    public int use() {
    return 1;
    }
  }
```

21. 下面（　　）与以下接口中的第 2 行不等价。
```
public interface Flyable {
    float hight=10;
}
```

A. final float hight = 10;　　　　　　　B. private float hight = 10;

C. static float hight =10;　　　　　　　D. public float hight = 10;

22. 下列程序的运行结果是（　　）。
```
interfaceInterfaceA {
    int MAX=10;
}
class ClassAimplements InterfaceA {
    int a=1;
}
class ClassBextends ClassA {
    int b=2;
}
public class E {
    public static void main(String[] args) {
        ClassB b=new ClassB();
        System.out.print(b. MAX);
        System.out.print(" "+ClassB.MAX);
        System.out.print(" "+ClassA.MAX);
        System.out.print(" "+InterfaceA.MAX);
    }
}
```

A. 编译错误：MAX 在类 ClassB 没有定义

B. 编译错误：MAX 不能通过对象名 b 来访问

C. 编译错误：MAX 不能通过接口名 InterfaceA 来访问

D. 10 10 10 10

23. 下列程序的运行结果是（　　）。

```
interfaceInterfaceA {
    int MAX=10;
    void f();
}
interfaceInterfaceB extends InterfaceA {
    void g();
}
class ClassAimplements InterfaceB {
    public void g() {
        System.out.print("I LoveJava");
    }
}
public class E {
    public static void main(String[] args) {
        ClassA a=new ClassA();
        a.g();
    }
}
```

A. I Love Java

B. 编译错误：ClassA 没有实现接口方法 f

C. 编译错误：InterfaceB 不能继承 InterfaceA

D. 以上都不对

24. 下列程序的运行结果是（　　）。

```
interfaceInterfaceA {
    String S="good ";
    void f();
}
abstract classClassA {
    abstract void g();
}
class ClassBextends ClassA implements InterfaceA {
    voidg() {
        System.out.print(S);
    }
    public void f() {
        System.out.print(" "+ S);
    }
}
public class E {
    public static void main(String[] args) {
        ClassA a=new ClassB();
        InterfaceA b=new ClassB();
        a.g();
        b.f();
    }
}
```

A. 编译正确，但无运行结果

B. 编译错误：InterfaceAb = new ClassB();

C. good good

D. 抛出异常

25. 下列程序的运行结果是 (　　　)。

```
interface Cryable {
    voidcry();
}
class Dog implements Cryable {
    publicvoid cry() {
        System.out.print("汪汪 ");
    }
}
class Cat implements Cryable {
    public void cry() {
        System.out.print("喵喵 ");
    }
    public static void main(String[] args) {
        Cryable c=new Dog();
        c.cry();
        c=newCat();
        c.cry();
    }
}
```

A. 编译错误　　　　B. 执行错误　　　　C. 汪汪 喵喵　　　　D. 以上都不对

26. 下列程序的运行结果是 (　　　)。

```
interface B {
    void f();
}
class C implements B {
    public void f() {
        System.out.print("good ");
    }
    public void g(B b){
        b.f();
    }
}
class A implements B {
    public void f() {
        System.out.print("bad ");
    }
    public void g(B b){
        b.f();
    }
    public static void main(String[] args) {
        B b1=new A();
        B b2=new C();
```

```
        b1.f();
        b2.f();
    }
}
```

　　A. 编译错误　　　　　　B. 执行错误　　　　　　C. good　bad　　　　D. bad　good

二、简答题

1. 简述抽象类的概念和特点。

2. 什么是抽象方法？抽象方法有何特点？

3. 简述抽象类与抽象方法之间的关系。

4. 抽象类和接口有哪些共同点和区别？

三、编程题

1. 编写一个 Java 应用程序，要求实现如下类之间的继承关系：

（1）编写一个抽象类 Shape，该类具有两个属性：周长 length 和面积 area，具有两个抽象的方法：计算周长 getLength() 和计算面积 getArea()。

（2）编写非抽象类矩形 Rectangle 和圆形 Circle 继承类 Shape。

（3）编写一个锥体类 Cone，里面包含两个成员变量 Shape 类型的底面 bottom 和 double 类型的高 height。

（4）定义一个公共的主类 TestShape，包含一个静态的方法 void compute(Shape e)，通过该方法能够计算并输出一切图形的周长和面积；在主方法中调用 compute 方法，计算并输出某矩形和圆形的周长和面积，并测试锥体类 Cone。

2. 按如下要求编写 Java 应用程序：

（1）编写一个抽象类 Number，只含有一个抽象方法 void method()。

（2）编写一个非抽象类 Perfect 继承类 Number，在实现 voidmethod() 时，要求输出 2～1000 之间的所有完数（一个数如果恰好等于除它本身外的因子之和，这个数就称为完数。例如：6=1＋2＋3）。

（3）编写一个非抽象类 Prime 继承类 Number，在实现 voidmethod() 时，要求输出 2～100 之间的所有素数（素数是指在一个大于 1 的自然数中，除了 1 和此整数自身外，无法被其他自然数整除的数，比如：3、5、7、11 等）。

（4）编写测试类 Test，在其 main() 方法中测试类 Perfect 和 Prime 的功能。

3. 利用接口做参数，写个计算器，能完成加减乘除运算。

（1）定义一个接口 Compute 含有一个方法 int computer(int n, int m)。

（2）设计 4 个类分别实现此接口，完成加减乘除运算。

（3）设计一个类 UseCompute，类中含有方法：public void useCom(Compute com, int one, int two)，此方法能够用传递过来的对象调用 computer() 方法完成运算，并输出运算的结果。

（4）设计一个主类 Test，调用 UseCompute 中的方法 useCom() 来完成加减乘除运算。

4. 按如下要求编写 Java 应用程序：

（1）编写一个用于表示战斗能力的接口 Fightable，该接口包含：整型常量 MAX；方法 void

win()，用于描述战斗者获胜后的行为；方法 int injure(int x)，用于描述战斗者受伤后的行为。

（2）编写一个非抽象的战士类 Warrior，实现接口 Fightable。该类中包含两个整型变量：经验值 experience 和血液值 blood。当战士获胜后经验值会增加，而受伤后血液值会减少 x，并且当战斗者的血液值低于 MAX 时会输出危险提示。

（3）编写战士类 Warrior 的子类 BloodWarrior，该类创建的战士在血液值低于 MAX/2 时才会输出危险提示。

（4）编写主类 TestWarrior，对上述接口和类进行测试。

5. 按如下要求编写 Java 程序：

（1）编写一个接口：OneToN，只含有一个方法 int dispose(int n)。

（2）编写一个非抽象类 Sum 来实现接口 OneToN，实现 int dispose (int n)接口方法时，要求计算 1 + 2 + ... + n。

（3）编写另一个非抽象类 Pro 来实现接口 OneToN，实现 int dispose (int n)接口方法时，要求计算 1 * 2 * ... * n。

（4）编写测试类 Test，在 main()方法中使用接口回调技术来测试实现接口的类。

6. 按如下要求编写 Java 程序：

（1）编写接口 InterfaceA，接口中含有方法 void printCapitalLetter()。

（2）编写接口 InterfaceB，接口中含有方法 void printLowercaseLetter()。

（3）编写非抽象类 Print，该类实现了接口 InterfaceA 和 InterfaceB。要求 printCapitalLetter()方法实现输出大写英文字母表的功能，printLowercaseLetter()方法实现输出小写英文字母表的功能。

（4）编写一个主类 Test，在 main()方法中创建 Print 的对象并赋值给 InterfaceA 的变量 a，由变量 a 调用 printCapitalLetter 方法，然后创建 Print 的对象并将该对象赋值给 InterfaceB 的变量 b，由变量 b 调用 printLowercaseLetter 方法。

7. 按如下要求编写 Java 程序：

（1）定义一个交通工具收费接口 Charge，该接口包含两个元素：一个收取费用的方法 double getFee(intdistance)，distance 代表交通工具行驶的千米数；一个成员变量 MAX，表示每次收取费用的最大值。

（2）定义列车类 Train 来实现这个接口，收费规则自行定义。

（3）定义主类 Test，在 main()方法中输出收取费用的最大值，和行使 2000 km 后列车应收取的费用。

8. 设计一个 Student 接口，以一维数组存储一个班级的学生姓名。该接口中有一个抽象方法 getStudentName()。设计一个类 Union，该类实现接口 Student 中的方法 getStudentName()，其功能是获取学生姓名并显示。

9. 按如下要求编写 Java 程序：

（1）定义接口 A，里面包含值为 3.14 的常量 PI 和抽象方法 double area()。

（2）定义接口 B，里面包含抽象方法 void setColor(String c)。

（3）定义接口 C，该接口继承了接口 A 和 B，里面包含抽象方法 void volume()。

（4）定义圆柱体类 Cylinder 实现接口 C，该类中包含三个成员变量：底圆半径 radius、圆柱体的高 height、颜色 color。

（5）创建主类来测试类 Cylinder。

第9章　Java异常处理机制

异常处理是程序设计中一个非常重要的方面，也是程序设计的一大难点。C 语言中可以用 if...else...来控制异常，然而如果多处出现同一个异常或者错误，那么每个地方都要做相同处理。Java 在设计之初就考虑到这些问题，提出异常处理框架的方案，所有异常都可以用一个类型来表示，不同类型的异常对应不同的子类异常（这里的异常包括错误概念）。1.4 版本以后增加了异常链机制，从而便于跟踪异常。这是 Java 的高明之处，也是 Java 中的一个难点。本章对 Java 异常处理机制进行介绍。

9.1　Java 异常的基础知识

异常是程序中的一些错误，但并不是所有的错误都是异常，并且有时候错误是可以避免的。例如，如果代码少了一个分号，那么运行时提示错误 java.lang.Error；如果使用 System.out. println(11/0)，那么会抛出 java.lang.ArithmeticException 的异常。有些异常需要做处理，有些则不需要捕获处理。

在编程过程中，首先应当尽可能避免错误和异常发生，对于不可避免、不可预测的情况，则考虑异常发生时如何处理。Java 中的异常用对象来表示。Java 对异常是按异常分类处理的，不同异常有不同的分类，每种异常都对应一个类型（class），每个异常都对应一个异常（类的）对象。

异常类有两个来源：一是 Java 语言本身定义的一些基本异常类型；二是用户通过继承 Exception 类或者其子类自己定义的异常。Exception 类及其子类是 Throwable 的一种形式，它指出了合理的应用程序想要捕获的条件。

异常的对象有两个来源：一是 Java 运行时环境自动抛出系统生成的异常，不管是否愿意捕获和处理，它总要被抛出，如除数为 0 的异常；二是程序员自己抛出的异常，这个异常可以是程序员自己定义的，也可以是 Java 中定义的，用 throw 关键字抛出，这种异常常用来向调用者汇报异常的一些信息。异常是针对方法来说的，抛出、声明抛出、捕获和处理异常都是在方法中进行的。

Java 异常处理通过 5 个关键字 try、catch、throw、throws、finally 进行管理。基本过程是：用 try 语句块包住要监视的语句，如果在 try 语句块内出现异常，则异常会被抛出，代码在 catch 语句块中可以捕获到这个异常并做处理；还有一部分系统生成的异常在 Java 运行时自动抛出。也可以通过 throws 关键字在方法上声明该方法要抛出异常，然后在方法内部通过 throw 抛出异常对象。finally 语句块会在方法执行 return 之前执行，一般结构如下：

```
try{
    程序代码;
}catch(异常类型 1 异常的变量名 1){
    程序代码;
}catch(异常类型 2 异常的变量名 2){
    程序代码;
}finally{
    程序代码;
}
```

catch 语句可以有多个，用来匹配多个异常。匹配上多个中一个后，执行 catch 语句块时候仅仅执行匹配上的异常。catch 的类型是 Java 中定义的或者程序员自己定义的，表示代码抛出异常的类型，异常的变量名表示抛出异常的对象的引用，如果 catch 捕获并匹配上了该异常，那么就可以直接用这个异常变量名，此时该异常变量名指向所匹配的异常，并且在 catch 代码块中可以直接引用。这一点非常特殊和重要。

Java 异常处理的目的是提高程序的健壮性。可以在 catch 和 finally 代码块中给程序一个修正机会，使得程序不因异常而终止或者流程发生意外的改变。同时，获取 Java 异常信息也为程序的开发维护提供了方便，一般通过异常信息很快就能找到出现异常的问题（代码）所在。Java 异常处理是 Java 的一大特色，也是一大难点，掌握异常处理可以让代码更健壮和易于维护。

9.2 Java 异常类类图

下面是这几个类的层次：

```
java.lang.Object
    java.lang.Throwable
        java.lang.Exception
            java.lang.RuntimeException
                java.lang.Error
                    java.lang.ThreadDeath
```

1. Throwable 类

Throwable 类是 Java 中所有错误或异常的超类。只有当对象是此类（或其子类之一）的实例时，才能通过 Java 虚拟机或者 Java throw 语句抛出。类似地，只有此类或其子类之一，才可以是 catch 子句中的参数类型。两个子类的实例（Error 和 Exception）通常用于指示发生了异常情况。通常，这些实例是在异常情况的上下文中新近创建的，因此包含了相关的信息（比如堆栈跟踪数据）。

2. Exception 类

Exception 类及其子类是 Throwable 的一种形式，它指出了合理的应用程序想要捕获的条件，表示程序本身可以处理的异常。

3. Error 类

Error 是 Throwable 的子类，表示仅靠程序本身无法恢复的严重错误，用于指示合理的应用程序不应该试图捕获的严重问题。在执行该方法期间，无须在方法中通过 throws 声明可能抛出但没有捕获的 Error 的任何子类，因为 Java 编译器不去检查它。也就是说，当程序中可能出现这类异常时，即使没有用 try...catch 语句捕获它，也没有用 throws 字句声明抛出它，还是会编译通过。

4. RuntimeException 类

RuntimeException 是那些可能在 Java 虚拟机正常运行期间抛出的异常的超类。Java 编译器不去检查它。这种异常可以通过改进代码来避免。

5. ThreadDeath 类

调用 Thread 类中带有零参数的 stop 方法时，受害线程将抛出一个 ThreadDeath 实例。仅当应用程序在被异步终止后必须清除时才应该捕获这个类的实例。如果 ThreadDeath 被一个方法捕获，那么将它重新抛出非常重要，因为这样才能让该线程真正终止。如果没有捕获 ThreadDeath，则顶级错误处理程序不会输出消息。

虽然 ThreadDeath 类是"正常出现"的，但它只能是 Error 的子类而不是 Exception 的子类，因为许多应用程序捕获所有出现的 Exception，然后又将其放弃。

以上是对有关异常 API 的一个简单介绍，用法都很简单，关键在于理解异常处理的原理，具体用法参看 Java API 文档。

 ## 9.3　Java 异常处理机制

对于可能出现异常的代码，有两种处理办法：

① 在方法中用 try...catch 语句捕获并处理异常，catch 语句可以有多个，用来匹配多个异常。例如：

```java
public void p(int x){
    try{
        ...
    }catch(Exception e){
        ...
    }finally{
        ...
    }
}
```

② 对于处理不了的异常或者要转型的异常，在方法的声明处通过 throws 语句抛出异常。例如：

```java
public void test1() throws MyException{
    ...
```

```
    if(...){
        throw new MyException();
    }
}
```

如果每个方法都是简单地抛出异常，那么在方法调用方法的多层嵌套调用中，Java 虚拟机会从出现异常的方法代码块中往回找，直到找到处理该异常的代码块为止。然后将异常交给相应的 catch 语句处理。如果 Java 虚拟机追溯到方法调用栈最底部 main()方法时，如果仍然没有找到处理异常的代码块，将按照下面的步骤处理：

① 调用异常的对象的 printStackTrace()方法，打印方法调用栈的异常信息。

② 如果出现异常的线程为主线程，则整个程序运行终止；如果非主线程，则终止该线程，继续运行其他线程。

通过分析思考可以看出，越早处理异常消耗的资源和时间越小，产生影响的范围也越小。因此，不要把自己能处理的异常也抛给调用者。

还有一点不可忽视：finally 语句在任何情况下都必须执行，这样可以保证一些在任何情况下都必须执行代码的可靠性。例如，在数据库查询异常的时候，应该释放 JDBC 连接。finally 语句先于 return 语句执行，而不论其先后位置，也不管 try 块是否出现异常。finally 语句唯一不被执行的情况是方法执行了 System.exit()方法。System.exit()的作用是终止当前正在运行的 Java 虚拟机。finally 语句块中不能通过给变量赋新值来改变 return 的返回值，也建议不要在 finally 块中使用 return 语句，没有意义还容易导致错误。

最后应该注意异常处理的语法规则：

① try 语句不能单独存在，可以和 catch、finally 组成 try...catch...finally、try...catch、try...finally 三种结构，catch 语句可以有一个或多个，finally 语句最多一个，try、catch、finally 这三个关键字均不能单独使用。

② try、catch、finally 三个代码块中变量的作用域分别独立而不能相互访问。如果要在三个块中都可以访问，则需要将变量定义到这些块的外面。

③ 多个 catch 块时，Java 虚拟机会匹配其中一个异常类或其子类，然后执行这个 catch 块，而不会再执行别的 catch 块。

④ throw 语句后不允许有紧跟其他语句，因为这些没有机会执行。

⑤ 如果一个方法调用了另外一个声明抛出异常的方法，那么这个方法要么处理异常，要么声明抛出。

那怎么判断一个方法可能会出现异常呢？一般来说，方法声明的时候用了 throws 语句，方法中有 throw 语句，方法调用的方法声明有 throws 关键字。

throw 和 throws 关键字的区别：

① throw 用来抛出一个异常，在方法体内。语法格式为：
throw 异常对象

② throws 用来声明方法可能会抛出什么异常，在方法名后，语法格式为：
throws 异常类型 1,异常类型 2,... ,异常类型 n

9.4　定义和使用异常类

1. 使用已有的异常类

假如为 IOException、SQLException。

```
try{
    程序代码;
}catch(IOException ioe){
    程序代码;
}catch(SQLException sqle){
    程序代码;
}finally{
    程序代码;
}
```

2. 自定义异常类

创建 Exception 或者 RuntimeException 的子类即可得到一个自定义的异常类。例如：

```
public class MyException extends Exception{
    public MyException(){}
        public MyException(String smg){
            super(smg);
    }
}
```

3. 使用自定义的异常

用 throws 声明方法可能抛出自定义的异常，并用 throw 语句在适当的地方抛出自定义的异常。例如，在某种条件抛出异常：

```
public void test1() throws MyException{
    ...
    if(...){
        throw new MyException();
    }
}
```

将异常转型（也叫转译），使得异常更易读和理解：

```
public void test2() throws MyException{
    ...
    try{
        ...
    }catch(SQLException e){
        ...
        throw new MyException();
    }
}
```

请看如下代码：

```
public void test2() throws MyException{
    ...
    try {
    ...
    } catch (MyException e) {
        throw e;
    }
}
```

这段代码实际上捕获了异常，然后又和盘托出，因此并没有意义。

 ## 9.5　运行时异常和受检查异常

Exception 类可以分为两种：运行时异常和受检查异常。

1. 运行时异常

RuntimeException 类及其子类都称为运行时异常。这种异常的特点是Java 编译器不去检查它。例如，当除数为零时，就会抛出 java.lang.Arithmetic Exception 异常。

2. 受检查异常

除了 RuntimeException 类及其子类外，其他 Exception 类及其子类都属于受检查异常，这种异常的特点是要么用 try...catch 捕获处理，要么用 throws 语句声明抛出，否则编译不会通过。

3. 两者的区别

运行时异常表示无法让程序恢复运行的异常，导致这种异常的原因通常是由于执行了错误操作。一旦出现错误，建议让程序终止。受检查异常表示程序可以处理的异常。如果抛出异常的方法本身不处理或者不能处理它，那么方法的调用者就必须去处理该异常，否则调用会出错，编译也无法通过。当然，这两种异常都是可以通过程序来捕获并处理的，比如除数为零的运行时异常：

```
public class HelloWorld {
    public static void main(String[] args) {
        System.out.println("Hello World!!!");
        try{
            System.out.println(1/0);
        }catch(ArithmeticException e){
            System.out.println("除数为 0!");
        }
        System.out.println("除数为零后程序没有终止啊, 呵呵!!!");
    }
}
```

运行结果：
Hello World!!!
除数为 0!
除数为零后程序没有终止啊，呵呵!!!

4. 运行时错误

Error 类及其子类表示运行时错误，通常是由 Java 虚拟机抛出的。JDK 中也定义了一些错误类，如 VirtualMachineError 和 OutOfMemoryError，程序本身无法修复这些错误。一般不去扩展 Error 类来创建用户自定义的错误类。RuntimeException 类表示程序代码中的错误，是可扩展的，用户可以创建特定运行时异常类。Error（运行时错误）和运行时异常的相同之处是：Java 编译器都不去检查它们，当程序运行时出现它们，都会终止运行。

5. 最佳解决方案

对于运行时异常，不要用 try...catch 捕获处理，而是在程序开发调试阶段尽量去避免这种异常，一旦发现该异常，正确的做法是改进程序设计的代码和实现方式，修改程序中的错误，从而避免这种异常。捕获并处理运行时异常是好的解决办法，因为可以通过改进代码实现来避免该种异常的发生。对于受检查异常，要么用 try...catch 捕获并解决，要么用 throws 抛出。对于 Error（运行时错误），不需要在程序中做任何处理，出现问题后，应该在程序在外的地方找问题，然后解决。

 ## 9.6 Java 异常处理的原则和技巧

Java 异常处理的原则和技巧有以下几条：

① 避免过大的 try 块，不要把不会出现异常的代码放到 try 块里面，尽量保持一个 try 块对应一个或多个异常。

② 细化异常的类型，不要不管什么类型的异常都写成 Exception。

③ catch 块尽量保持一个块捕获一类异常，不要忽略捕获的异常，捕获到后要么处理，要么转译，要么重新抛出新类型的异常。

④ 不要把自己能处理的异常抛给别人。

⑤ 不要用 try...catch 参与控制程序流程，异常控制的根本目的是处理程序的非正常情况。

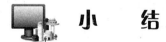 # 小　　结

异常就是不正常。程序在运行时出现的不正常情况。其实就是程序中出现的问题。这个问题按照面向对象思想进行描述，并封装成了对象。问题有产生的原因、有问题的名称、有问题的描述等多个属性信息存在，当出现多属性信息时，最方便的方式就是将这些信息进行封装。异常就是 Java 按照面向对象的思想将问题进行对象封装，这样方便于操作问题以及处理问题。

出现的问题有很多种，比如角标越界、空指针等。对这些问题进行分类。这些问题都有共

性内容，比如每一个问题都有名称，同时还有问题描述的信息，问题出现的位置，所以可以不断地向上抽取，形成异常体系。

Throwable: 可抛出的。

Error: 错误，一般情况下，不编写针对性的代码进行处理，需要对程序进行修正。

Exception: 异常，可以有针对性的处理方式

无论是错误还是异常，它们都有具体的子类体现每一个问题，它们的子类都有一个共性，就是都以父类名作为子类的后缀。

这个体系中的所有类和对象都具备一个独有的特点，就是可抛性，也就是这个体系中的类和对象都可以被 throws 和 throw 两个关键字所操作。

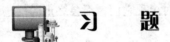

习　题

一、选择题

1. finally 语句块中的代码（　　　）。

   A. 总是被执行

   B. 当 try 语句块后面没有 catch 时才会执行

   C. 异常发生时才执行

   D. 异常没有发生时才被执行

2. 抛出异常应该使用的关键字是（　　　）。

   A. throw　　　　　　B. catch　　　　　　C. finally　　　　　　D. throws

3. 自定义异常类时，可以继承的类是（　　　）。

   A. Error　　　　　　　　　　　　　B. Applet

   C. Exception 及其子类　　　　　　D. AssertionError

4. 在异常处理中，将可能抛出异常的方法放在（　　　）语句块中。

   A. throws　　　　　　B. catch　　　　　　C. try　　　　　　D. finally

5. 对于 try{...}catch 子句的排列方式，下列正确的一项是（　　　）。

   A. 子类异常在前，父类异常在后

   B. 父类异常在前，子类异常在后

   C. 只能有子类异常

   D. 父类异常与子类异常不能同时出现

6. 使用 catch(Exception e) 的好处是（　　　）。

   A. 只会捕获个别类型的异常

   B. 捕获 try 语句块中产生的所有类型的异常

   C. 忽略一些异常

   D. 执行一些程序

7. 设有下列程序：

```
public class T7{
```

```
        static int arr[]=new int[10];
        public static void main(String a[]) {
            System.out.println(arr[1]);
        }
    }
```

以下说法中正确的是（　　　）。

A. 编译时将产生错误　　　　　　　　　B. 编译时正确，运行时将产生错误

C. 输出零　　　　　　　　　　　　　　D. 输出空

8. 关于异常，下列说法正确的是（　　　）。

A. 异常是一种对象

B. 一旦程序运行，异常将被创建

C. 为了保证程序运行速度，要尽量避免异常控制

D. 以上说法都不对

9. （　　　）类是所有异常类的父类。

A. Throwable　　　　　B. Error　　　　　　C. Exception　　　　　D. AWTError

10. Java 中，（　　　）是异常处理的出口。

A. try{…}子句　　　　　　　　　　　　B. catch{…}子句

C. finally{…}子句　　　　　　　　　　D. 以上说法都不对

11. 对于下列程序的执行，说法正确的是（　　　）。

```
class T12
{
    public static void main(String args[])
    {
        try
        {
            int a=args.length;
            int b=42/a;
            int c[]={1};
            c[42]=99;
            System.out.println("b="+b);
        }
        catch(ArithmeticException e)
        {
            System.out.println("除 0 异常: "+e);
        }
        catch(ArrayIndexOutOfBoundsException e)
        {
            System.out.println("数组超越边界异常: "+e);
        }
    }
}
```

A. 程序将输出第 15 行的异常信息　　　　B. 程序第 10 行出错

C. 程序将输出"b=42"　　　　　　　　　D. 程序将输出第 19 行的异常信息

12. 对于下列程序的执行，说法正确的是（　　　）。

```
class ExMulti
{
  static void procedure()
  {
    try
    {
      int c[]={1};
      c[42]=99;
    }
    catch(ArrayIndexOutOfBoundsException e)
    {
      System.out.println("数组超越界限异常: "+e);
    }
  }
  public static void main(String args[])
  {
    try
    {
      procedure();
      int a=args.length;
      int b=42/a;
      System.out.println("b="+b);
    }
    catch(ArithmeticException e)
    {
      System.out.println("除0异常: "+e);
    }
  }
}
```

A. 程序只输出第 12 行的异常信息

B. 程序只输出第 26 行的异常信息

C. 程序将不输出异常信息

D. 程序将输出第 12 行和第 26 行的异常信息

二、填空题

1. catch 子句都带一个参数，该参数是某个异常的类及其变量名，catch 用该参数去与_____对象的类进行匹配。

2. Java 虚拟机能自动处理_____异常。

3. 变量属性是描述变量的作用域，按作用域分类，变量有局部变量、类变量、方法参数和_____。

4. 捕获异常要求在程序的方法中预先声明，在调用方法时用 try...catch..._____语句捕获并处理。

5. Java 中将那些可预料和不可预料的出错称为_____。

6.　按异常处理不同可以分为运行异常、捕获异常、声明异常和＿＿＿＿＿几种。

7.　抛出异常的程序代码可以是＿＿＿＿＿或者 JDK 中的某个类，还可以是 JVN.

8.　抛出异常、生成异常对象都可以通过＿＿＿＿＿语句实现。

9.　捕获异常的统一出口通过＿＿＿＿＿语句实现。

10.　Java 的类库中提供了一个＿＿＿＿＿类，所有的异常都必须是它的实例或它子类的实例。

11.　Throwable 类有两个子类：＿＿＿＿＿类和 Exception 类。

12.　对程序语言而言，一般有编译错误和＿＿＿＿＿错误两类。

13.　下面程序定义了一个字符串数组，并打印输出，捕获数组超越界限异常。在横线处填入适当的内容完成程序。

```
public class HelloWorld
{
    int i=0;
    String greetings[]=
    {
      "Hello world!",
       "No,I mean it!",
       "HELLO WORLD!!"
    };
    while(i<4)
    {
        _____
    }
    System.out.println(greeting[i]);
    }
    _____(ArrayIndexOutOfBoundsException e)
    {
     System.out.println("Re-setting Index Value");
     i=-1;
     finally
     {
       System.out.println("This is always printed");
     }
     i++;
    }
}
```

三、简答题

1.　try/catch/finally 如何使用？

2.　Throw/throws 有什么联系和区别？

3.　简述 final、finally 的区别和作用。

4.　如果 try{}里有一个 return 语句，那么紧跟在这个 try 后的 finally{}里的代码会不会被执行？

5.　Error 和 Exception 有什么区别？

6.　什么是 RuntimeException？列举至少 4 个 RuntimeException 的子类。

四、程序题

1. 分析下面的程序，写出运行结果。

```java
public class Test1 {
    String str=new String("Hi!");
    char[] ch={ 'L','i','k','e' };
    public static void main(String args[]) {
        Exercises5_1 ex=new Exercises5_1();
        ex.change(ex.str,ex.ch);
        System.out.print(ex.str+" ");
        System.out.print(ex.ch);
    }
    public void change(String str,char ch[]) {
        str="How are you";
        ch[1]='u';
    }
}
```

运行结果是：_____。

2. 分析下面的程序，写出运行结果。

```java
public class Exercises5_3 {
    public static void main(String args[]) {
        String str1=new String();
        String str2=new String("String 2");
        char chars[]={ 'a',' ','s','t','r','i','n','g' };
        String str3=new String(chars);
        String str4=new String(chars,2,6);
        byte bytes[]={ 0x30,0x31,0x32,0x33,0x34,0x35,0x36,0x37,0x38,0x39 };
        String str5=new String(bytes);
        StringBuffer strb=new StringBuffer(str3);
        System.out.println("The String str1 is "+str1);
        System.out.println("The String str2 is "+str2);
        System.out.println("The String str3 is "+str3);
        System.out.println("The String str4 is "+str4);
        System.out.println("The String str5 is "+str5);
        System.out.println("The String strb is "+strb);
    }
}
```

运行结果是：_____。

第10章　GUI编程

GUI 全称 Graphical User Interfaces，意为图形用户界面，又称图形用户接口。Java 中提供的图形界面包括窗口、菜单栏、工具条、按钮等组件，以及其他各种屏幕元素。

Java 提供了两个 GUI 的开发包：java.awt 和 javax.swing。

① java.awt 包。AWT 是 Java GUI 的早期版本。AWT 中提供了基本的 GUI 设计工具，但组件种类有限，无法实现所需的所有功能。java.awt 包中的抽象类 Component 是所有 Java GUI 组件的共同父类，它规定了所有 GUI 组件的基本特性。

② javax.swing 包。Swing 是构筑在 AWT 上层的一组 GUI 组件集合，与 AWT 相比，Swing 提供了更完整的组件，引入了许多新的特性和能力。

10.1　Swing 介绍

Swing API 是一组可扩展的 GUI 组件，用来创建基于 Java 的前端/GUI 应用程序。它建立在 AWT API 之上，并且作为 AWT API 的替代者，因为它的几乎每一个控件都对应 AWT 控件。Swing 组件遵循模型–视图–控制器架构，以满足下面的准则：

① 一个 API 可以支持多种外观和风格。

② API 是模拟驱动的，这样最高层级的 API 不需要有数据。

③ API 是使用 Java Bean 模式的，这样 Builder Tools 和 IDE 可以为开发者提供更好的服务来使用它。

1. MVC 架构

Swing API 架构用下列的方式来遵循基于松散的 MVC 架构：

① 模型表示组件的数据。

② 视图表示组件数据的可视化表示形式。

③ 控制器接收用户在视图上的输入，并且在组件的数据上反映变化。

Swing 组件把模型作为一个单独的元素，并且把视图和控制器部分组合成用户界面的元素。通过使用这种方式，Swing 具有可插拔的外观与风格架构。

2. Swing 的特点

（1）轻量级

Swing 组件是独立的本地操作系统的 API，Swing API 控件通常采用纯 Java 代码，而不是采用底层的操作系统调用来呈现。

（2）丰富的控件

Swing 提供了一套丰富的、先进的控制系统，如树、JTabbedPane、滑块、颜色选择器、表格控件等。

（3）高级自定义

因为可视化外观是独立于内部表示的，所以 Swing 控件可以用非常简单的方法来进行自定义。

（4）可插拔的外观和风格

基于 Swing 的 GUI 应用程序的外观和风格可以在运行时根据有效值进行改变。

10.2 Swing 控件

用户界面主要从以下三方面进行考虑：

（1）UI 元素

UI 元素有用户最终看到并且与之交互的核心视觉元素。GWT 提供了一个大量的广泛使用和常见的元素列表。

（2）布局

布局定义应该如何在屏幕上组织 UI 元素，并且提供一个最终的外观和风格给 GUI。

（3）行为

当用户与 UI 元素交互时，行为发生。

Swing 类层次结构如图 10-1 所示。

每个 Swing 控件从组件类的等级继承属性，如表 10-1 所示。

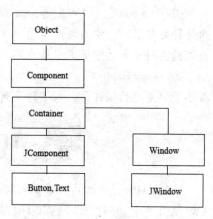

图 10-1　Swing 类层次结构

表 10-1　层次结构表

序　号	类	描　述
1	Container	Container 是 Swing 的非菜单用户界面控件的一个抽象基类。组件代表一个用图形表示的对象
2	Container	Container 是一个组件，它可以包含其他 Swing 组件
3	JComponent	JComponent 是一个所有 Swing UI 组件的基类。为了使用继承自 JComponent 的一个 Swing 组件，组件必须是一个包容层次结构，它的根是一个顶层的 Swing 容器

10.2.1　JApplet

JApplet 是一种容器，同时也是 Swing 的继承类。JApplet 扩展了 Applet 类。使用 Swing 的小应用程序必须是 JApplet 的子类。JApplet 增加了许多 Applet 没有的功能。例如，JApplet 支持多种窗格，包括内容窗格、透明窗格和根窗格等。简单的 JApplet 小程序示例如下：

（1）示例代码

```
import javax.swing.JApplet;
public class JappletTest extends JApplet {
```

```
    @Override
    public void init() {

    }
}
```

（2）运行结果

运行结果如图 10-2 所示。

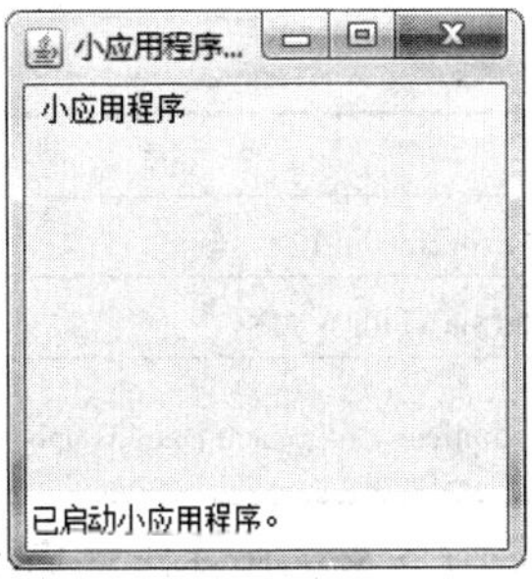

也可以在 JApplet 实例中增加一个组件，不是调用小应用
程序的 add()方法，而是先调用 add( )方法增加一个内容窗格。
可以通过如下方法得到内容窗格：

图 10-2　JApplet 小程序运行结果

```
Container getContentPane()
```

然后使用容器的 add( )方法在内容窗格中增加一个组件。方法如下：

```
void add(comp)
```

其中，comp 是增加到内容窗格中的组件。

简单的示例如下：

（1）实例代码

```
import java.awt.BorderLayout;
import java.awt.Container;
import javax.swing.JApplet;
import javax.swing.JLabel;
public class JappletTest extends JApplet {
    @Override
    public void init() {
        Container c = getContentPane();
        JLabel l = new JLabel("good");
        c.add(l,BorderLayout.NORTH);
    }
}
```

（2）运行结果

运行结果如图 10-3 所示。

图 10-3　增加组件运行结果

10.2.2　ImageIcon 和 JLabel

在 Swing 中，图标由 ImageIcon 类封装，该类负责将一个图片制成图标。

ImageIcon 类的构造函数如下：

（1）ImageIcon(String filename)

使用名为 filename 的文件中的图片。

（2）ImageIcon(URL url)

使用资源定位符 url 所指向的图片。

ImageIcon 类实现 Icon 接口，其方法如表 10-2 所示。

JLabel 类是 JComponent 类的子类，它可以显示文字或图标，既可以显示其中的一种，也可
以两种同时显示，并且可以指定标签显示内容的位置。默认情况下，标签的内容只显示在一行。
JLabel 组件支持 HTML 代码，所以可以利用 HTML 代码赋予要显示的内容各种特性。例如，多
行显示、使用不同字体和颜色等。

表 10-2　ImageIcon 方法

方　　法	描　　述
int getIconHeight( )	返回图标的高度，以像素为单位
int getIconWidth( )	返回图标的宽度，以像素为单位
void paintIcon(Component comp,Graphics g,int x, int y)	在图形上下文 g 的 x、y 位置显示图标。在组件 comp 中提供关于制作图标的附加信息

JLabel 类的构造函数如下：

（1）JLabel()

创建一个既无文本内容也没有图像内容的标签。

（2）JLabel(String s)

创建一个标签，该标签的文本内容由参数 s 所指定，显示的文本在水平方向上与标签的开始边界对齐。

（3）JLabel(Icon image)

创建一个标签，该标签显示的图像由参数 image 指定，显示的图像在水平方向上居中。其中，Icon 是表示图像的接口，在要创建包含图像的标签时，可以使用 Icon 接口的具体实现类 ImageIcon 来导入图像。例如：

```
JLabel iLabel = new JLabel(new ImageIcon("moon.gif"));
```

（4）JLabel(String s,int horizontalAlignment)

创建一个显示指定文本 s 的标签，文本的水平对齐方式由参数 horizontalAlignment 指定，此参数的取值为 SwingConstants 中定义的常量：

swingConstants.LEFT：左对齐。

swingConstants.CENTER：居中。

swingConstants.RIGHT：右对齐。

swingConstants.LEADING：起始边界对齐。

swingConstants.TRAILING：结束边界对齐。

（5）JLabel(Icon image, int horizontalAlignment)

创建一个显示指定图像 image 的标签，图像的水平对齐方式由参数 horizontalAlignment 指定，此参数的取值同前面一样。

（6）JLabel(String s, Icon icon, int horizontalAlignment)

创建一个显示指定文本 s 和图像 icon 的标签，文本和图像的水平对齐方式由参数 horizontalAlignment 指定，文本位于图像的结束边界。

JLabel 的示例如下：

（1）示例代码

```
import java.awt.Container;
import java.awt.FlowLayout;
import javax.swing.ImageIcon;
import javax.swing.JFrame;
import javax.swing.JLabel;
public class JLabelTest {
```

```
public static void main(String[] args) {
    JFrame frame = new JFrame();
    frame.setBounds(0, 0, 500, 500);
    Container container = frame.getContentPane();
    container.setLayout(new FlowLayout(5));
    JLabel label1 = new JLabel("JLabel1");
    JLabel label2 = new JLabel(new ImageIcon("moon.png"));
    container.add(label1);
    container.add(label2);
    frame.setVisible(true);
    }
}
```

（2）运行结果

运行结果如图 10-4 所示。

图 10-4　JLabel 运行结果

10.2.3　JTextField

Swing 的文本域被封装为 JTextComponent 类。JTextComponent 类是 JComponent 的子类，它提供了 Swing 文本组件的公共功能。它的一个子类是 JTextField。JtextField 类可以编辑单行文本。

JtextField 类的构造函数如下：

（1）JTextField()

创建一个空的文本框，文本框宽度是 0。

（2）JTextField(int cols)

创建一个空的文本框，文本框的宽度由参数 cols 指定。

（3）JTextField(String s)

创建一个文本框，其初始内容由参数 s 指定。

（4）JTextField(String s,int cols)

创建一个文本框，其初始内容由参数 s 指定，首选宽度由参数 cols 指定，如果参数 cols 指定为 0，那么首选宽度是由组件实现的自然结果。

简单示例如下：

（1）示例代码

```java
import java.awt.Container;
import java.awt.FlowLayout;
import javax.swing.JFrame;
import javax.swing.JTextField;
public class JTextFieldTest {
    public static void main(String[] args) {
        JFrame frame = new JFrame();
        frame.setBounds(0, 0, 500, 500);
        Container container = frame.getContentPane();
        container.setLayout(new FlowLayout(5));
        JTextField textField1 = new JTextField();
        container.add(textField1);
        JTextField textField2 = new JTextField(10);
        container.add(textField2);
        JTextField textField3 = new JTextField("JTextField3");
        container.add(textField3);
        JTextField textField4 = new JTextField("JTextField4",40);
        container.add(textField4);
        frame.setVisible(true);
    }
}
```

（2）运行结果

运行结果如图 10-5 所示。

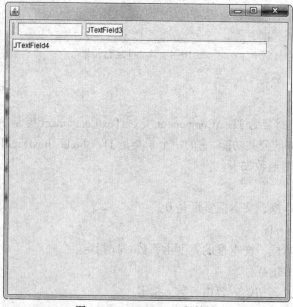

图 10-5　JtextField 运行结果

10.2.4　AbstractButton

Swing 的按钮相对于 AWT 中 Button 类提供了更多功能。例如，可以用一个图标修饰 Swing 的按钮。Swing 的按钮是 AbstractButton 的子类，AbstractButton 类扩展 JComponent 类。AbstractButton 类包含多种方法，用于控制按钮行为，检查复选框和单选按钮。例如，当按钮被禁止、按下或选择时，可以将其显示为不同的图标。还可以定义一个图标为 rollover 图标，当鼠标移动到按钮上时显示。下面是控制这类行为的方法：

```
void setDisabledIcon(Icon di)
void setPressedIcon(Icon pi)
void setSelectedIcon(Icon si)
void setRolloverIcon(Icon ri)
```

其中，di、pi、si 和 ri 是不同状态下使用的图标。

可以通过下列方法读写与按钮相关的文字：

```
String getText()
void setText(String s)
```

其中，s 是与按钮相关的文字。

AbstractButton 抽象类的子类在按钮被按下时生成行为事件。通过如下方法注册和注销这些事件的监听器：

```
void addActionListener(ActionListener al)
void removeActionListener(ActionListener al)
```

其中，al 是动作监听器。

AbstractButton 是按钮、复选框和单选按钮的父类。

10.2.5　JButton

JButton 类提供一个按钮的功能，是图形用户界面中非常重要的一种基本组件，它针对一个事先定义好的功能操作和一段应用程序而设计，当用户用鼠标单击该按钮的时候，系统会执行与该按钮相关联的程序，从而完成预先定义的功能。JButton 类允许用图标或字符串或两者同时与下压式按钮相关联的功能。

JButton 类的构造函数如下：

（1）JButton(Icon i)

创建一个不带有标题的普通按钮。

（2）JButton(Icon i)

创建一个带有图标标题的按钮，标题的图标由参数 Icon 指定。

（3）JButton(String s)

创建一个带有文本标题的按钮，标题的文本由参数 s 指定。

（4）JButton(String s,Icon icon)

创建一个带有文本和图标标题的按钮，标题的文本和图标分别是由参数 s 和 icon 指定。

简单示例如下：

（1）示例代码

```
import java.awt.Container;
import java.awt.FlowLayout;
```

```java
import javax.swing.JFrame;
import javax.swing.ImageIcon;
import javax.swing.JButton;
public class JButtonTest {
    public static void main(String[] args) {
        JFrame frame = new JFrame();
        frame.setBounds(0, 0, 500, 500);
        Container container = frame.getContentPane();
        container.setLayout(new FlowLayout(5));
        JButton button1 = new JButton();
        container.add(button1);
        JButton button2 = new JButton("按钮2");
        container.add(button2);
        JButton button3 = new JButton(new ImageIcon("button.jpg"));
        container.add(button3);
        JButton button4 = new JButton("按钮2",new ImageIcon("button.jpg"));
        container.add(button4);
        frame.setVisible(true);
    }
}
```

（2）运行结果

运行结果如图 10-6 所示。

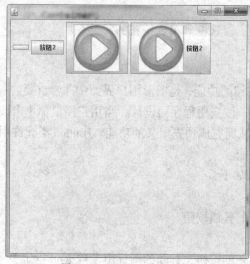

图 10-6　JButton 运行结果

10.2.6　JCheckBox

JCheckBox 类提供复选框的功能，它是 AbstractButton 抽象类的子类。在外观上，复选框由标题及标题前面的方框组成。前方的方框可以被勾选，被勾选时，方框内会出现"√"或者其他指定类型的符号（如"?"等），未被勾选或取消勾选时方框内为空，从而表现出两种不同的状态。

JCheckBox 类的构造函数如下：

（1）JCheckBox()

创建一个没有标题的复选框，其初始状态为未被勾选。

（2）JCheckBox(String s)

创建一个复选框，其标题的文本由参数 s 指定，初始状态为未被勾选。

（3）JCheckBox(Icon icon)

创建一个复选框，其标题的图标由参数 icon 指定，初始状态为未被勾选。

（4）JCheckBox(String s, boolean selected)

创建一个复选框，其标题的文本由参数 s 指定，初始状态由参数 selected 决定，selected 为 true，复选框处于被勾选状态，否则处于未被勾选状态。

（5）JCheckBox(Icon icon, boolean selected)

创建一个复选框，其标题的图标由参数 icon 指定，初始状态由参数 selected 决定，selected 为 true，复选框处于被勾选状态，否则处于未被勾选状态。

（6）JCheckBox(String s, Icon icon)

创建一个复选框，其标题的文本和图标由参数 s 和 icon 指定，初始状态为未被勾选。

（7）JCheckBox(String s,Icon icon,boolean selected)

创建一个复选框，其标题的文本和图标由参数 s 和 icon 指定，初始状态由参数 selected 决定，selected 为 true，复选框处于被勾选状态，否则处于未被勾选状态。

简单示例如下：

（1）示例代码

```
import java.awt.Container;
import java.awt.FlowLayout;
import javax.swing.JFrame;
import javax.swing.JCheckBox;
public class JCheckBoxTest {
    public static void main(String[] args) {
        JFrame frame = new JFrame();
        frame.setBounds(0, 0, 500, 500);
        Container container = frame.getContentPane();
        container.setLayout(new FlowLayout(5));
        JCheckBox checkBox1 = new JCheckBox("篮球");
        container.add(checkBox1);
        JCheckBox checkBox2 = new JCheckBox("足球");
        container.add(checkBox2);
        JCheckBox checkBox3 = new JCheckBox("排球",true);
        container.add(checkBox3);
        JCheckBox checkBox4 = new JCheckBox("乒乓球",true);
        container.add(checkBox4);
        JCheckBox checkBox5 = new JCheckBox("羽毛球");
        container.add(checkBox5);
        frame.setVisible(true);
    }
}
```

（2）运行结果

运行结果如图 10-7 所示。

图 10-7　JCheckBox 运行结果

10.2.7　JRadioButton

单选按钮由 JRadioButton 类支持，JRadioButton 也是 AbstractButton 抽象类的子类。单选按钮（JRadioButton）的外观由标题及标题前面的小圆框组成，通过小圆框中的圆点来表示单选按钮是否被选中。若小圆框中出现圆点，则表示单选按钮被选中；否则，表示单选按钮未被选中。单选按钮 JRadioButton 类也是从 JToggleButton 继承的。

JRadioButton 类的构造函数如下：

（1）JRadioButton()

创建一个无标题的单选按钮，其初始状态为未被选中。

（2）JRadioButton(String s)

创建一个初始状态为未被选中的单选按钮，其标题文本由参数 s 指定。

（3）JRadioButton(Icon icon)

创建一个初始状态为未被选中的单选按钮，其标题图标由参数 icon 指定。

（4）JRadioButton(String s,boolean selected)

创建一个标题文本由参数 s 指定的单选按钮，其初始状态由参数 selected 决定，selected 为true，单选按钮处于被选中状态，否则处于未被选中状态。

（5）JRadioButton(Icon icon,boolean selected)

创建一个标题图标由参数 icon 指定的单选按钮，其初始状态由参数 selected 决定，selected为 true，单选按钮处于被选中状态，否则处于未被选中状态。

（6）JRadioButton(String s,Icon icon)

创建一个单选按钮，其标题的文本和图标由参数 s 和 icon 指定，初始状态为未被选中。

（7）JRadioButton(String s,Icon icon, boolean selected)

创建一个单选按钮，其标题的文本和图标由参数 s 和 icon 指定，其初始状态由参数 selected决定，selected 为 true，单选按钮处于被选中状态，否则处于未被选中状态。

　　在实际应用中,单选按钮常成组出现,一组单选按钮中只能有一个被选中,其他单选按钮呈现未被选中的状态,即使有其他单选按钮以前被选中了,它也会自动取消被选中的状态。这种效果是通过 Swing 包中的按钮组 ButtonGroup 类来管理的。 具体实现时, 先创建一个 ButtonGroup 类的实例,再用该类的 public void add(AbstractButton b)方法将各个单选按钮添加到 ButtonGroup 类中,从而实现单选按钮的分组。 同一个分组中的单选按钮是互斥的,只有一个单选按钮会被选中,但处于不同分组中的单选按钮彼此互不影响。例如:

```
JRadioButton radio1,radio2;
ButtonGroup btnGroup = new ButtonGroup();
btnGroup add(radio1);
btnGroup add(radio2);
```

　　另外, ButtonGroup 类直接继承自 Object 类,它本身是一个非可视化的组件, 仅用于管理按钮的分组,不具备容器面板的功能。所以, 在向容器中添加一组单选按钮时, 需要直接将单选按钮添加到容器中,而不应向容器中添加一个 ButtonGroup。

　　简单示例如下:

　　(1)示例代码。

```
import java.awt.Container;
import java.awt.FlowLayout;
import javax.swing.ButtonGroup;
import javax.swing.JFrame;
import javax.swing.JRadioButton;
public class JRadioButtonTest {
    public static void main(String[] args) {
        JFrame frame = new JFrame();
        frame.setBounds(0, 0, 500, 500);
        Container container = frame.getContentPane();
        container.setLayout(new FlowLayout(5));
        JRadioButton radioButton1 = new JRadioButton("篮球");
        container.add(radioButton1);
        JRadioButton radioButton2 = new JRadioButton("足球");
        container.add(radioButton2);
        JRadioButton radioButton3 = new JRadioButton("排球",true);
        container.add(radioButton3);
        JRadioButton radioButton4 = new JRadioButton("乒乓球",true);
        container.add(radioButton4);
        JRadioButton radioButton5 = new JRadioButton("羽毛球");
        container.add(radioButton5);
        ButtonGroup btnGroup = new ButtonGroup();
        btnGroup.add(radioButton1);
        btnGroup.add(radioButton2);
        btnGroup.add(radioButton3);
        btnGroup.add(radioButton4);
        btnGroup.add(radioButton5);
        frame.setVisible(true);
    }
}
```

（2）运行结果

运行结果如图 10-8 所示。

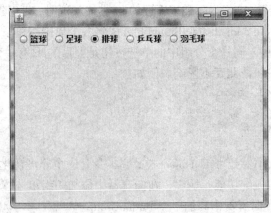

图 10-8　ButtonGroup 运行结果

10.2.8　JComboBox

Swing 通过 JComboBox 类支持组合框，JComboBox 类是 JComponent 的子类。组合框通常显示一个可选条目，但可允许用户在一个下拉列表中选择多个不同条目。用户也可以在文本域内输入选择项。组合框（JComboBox）的外观由三部分组成，上部是文本框及其右边的下拉按钮图标，下部是一个收缩的列表，单击下拉按钮图标，组合框中的列表会向下展开，列表中包含了许多选项，用户在其中选定的选项会同时自动地显示到上部的文本框内。

组合框支持键盘按键操作，当一个组合框拥有焦点的时候，按↓键，其收缩的列表就会展开，继续按↓键，就可以依次选择列表中的相关选项。另外，每次选定一个选项之后，组合框的列表会自动收缩，因此组合框只占比较少的屏幕区域。这些都是组合框有别于列表框的特点。不可编辑状态是组合框的默认状态。

JComboBox 类的构造函数如下：

（1）JComboBox()

创建一个空的组合框，同时为组合框建立一个默认的 ComboBoxModel 类型的管理模型类实例并与之关联。

（2）JComboBox(Object[] items)

创建一个组合框，它所包含的选项由参数 items 指定，创建组合框之后，更改 items 的内容不会改变组合框的选项。同时，为组合框建立一个 ComboBoxMode1 类型的管理模型类实例并与之关联，该管理模型类实例中以 items 包含的内容为其元素。

（3）JComboBox(ComboBoxModel aModel)

创建一个组合框，该组合框与 ComboBoxModel 类型的管理模型 aModel 相关联，更改 aModel 的元素会导致组合框包含的选项同步变化。

简单示例如下：

（1）示例代码

```
import java.awt.Container;
import java.awt.FlowLayout;
```

```
import javax.swing.JComboBox;
import javax.swing.JFrame;
public class JComboBoxTest {
    public static void main(String[] args) {
        JFrame frame = new JFrame();
        frame.setBounds(0, 0, 500, 500);
        Container container = frame.getContentPane();
        container.setLayout(new FlowLayout(5));
        JComboBox comboBox = new JComboBox();
        comboBox.addItem("篮球");
        comboBox.addItem("足球");
        comboBox.addItem("排球");
        comboBox.addItem("乒乓球");
        comboBox.addItem("羽毛球");
        container.add(comboBox);
        frame.setVisible(true);
    }
}
```

（2）运行结果

运行结果如图 10-9 所示。

图 10-9　JComboBox 运行结果

10.2.9　JTabbedPane

选项窗格（Tabbed Pane）组件表现为一组文件夹。每个文件夹都有标题。当用户使用文件夹时，显示它的内容。每次只能选择组中的一个文件夹。选项窗格一般用作设置配置选项。选项卡面板（JTabbedpane）由多个选项卡组成，每次只显示一个选项卡的内容。每个选项卡由选项卡标签和工作区组成，用户单击选项卡标签，可以方便地在不同的选项卡之间切换，被选中的选项卡的工作区内容会显示在当前界面。选项卡标签可以包括图标和标题，选项卡的工作区中一般只能包含一个组件。如果要在一个选项卡工作区中包含多个组件，可以将多个组件放到面板中，然后将面板放到选项卡面板的一个工作区内。

选项卡面板的构造方法如下：

（1）JTabbedPane()

创建一个选项卡面板，其选项卡标签位于工作区上部，工作区的内容为空（即不包括任何组件）。

（2）JTabbedPane(int tabPlacement)

创建一个工作区不包括任何组件的选项卡面板，该面板中的选项卡形状由参数 tabPlacement 指定。参数 tabPlacement 的取值在 JTabbedPane 中定义，分别为：

① JTabbedPane. TOP：选项卡标签位于工作区的上部。

② JTabbedPane. BOTTOM：选项卡标签位于工作区的下部。

③ JTabbedPane. LEFT：选项卡标签位于工作区的左侧。

④ JTabbedPane. RIGHT：选项卡标签位于工作区的右侧。

（3）JTabbedPane(int tabPlacement, int tabLayoutPolicy)

创建一个工作区不包括任何组件的选项卡面板，参数 tabPlacement 的含义与取值同前。参数 tabLayoutPolicy 指定了选项卡标签的显示方式，参数 tabLayoutpolicy 的取值在 JTabbedPane 中定义，分别为：

① JTabbedPane.WRAP_TAB_LAYOUT：若选项卡标签数量太多，无法在选项卡面板所在容器的一行中显示，则分多行显示选项卡的标签。

② JTabbedPane. SCROLL_TAB_LAYOUT：用一行显示选项卡标签，若选项卡标签的数量超出了一行的范围，在被显示出来的最后一个选项卡标签的后面自动添加卷滚条，用户可以通过移动卷滚条查看被隐藏的选项卡标签。

选项窗格被封装为 JTabbedPane 类，JTabbedPane 是 JComponent 的子类。使用默认构造函数时，选项的定义方法如下：

```
Void addTab(String str, Component comp)
```

其中，str 是标签的标题，comp 是应加入标签的组件。典型情况下，加入的是 JPanel 或其子类。

在小应用程序中使用选项窗格的一般过程如下：

① 创建 JTabbedPane 对象。

② 调用 addTab()方法在窗格中增加一个标签（这个方法的参数是标签的标题和它包含的组件）。

③ 重复步骤②，增加标签。

④ 将选项窗格加入小应用程序的内容窗格。

简单示例如下：

（1）示例代码

```
import java.awt.BorderLayout;
import java.awt.Container;
import javax.swing.JFrame;
import javax.swing.JLabel;
import javax.swing.JPanel;
import javax.swing.JTabbedPane;
public class JTabbedPaneTest {
    public static void main(String[] args) {
        JFrame frame = new JFrame();
        frame.setBounds(0, 0, 500, 500);
        Container container = frame.getContentPane();
        container.setLayout(new BorderLayout());
        JTabbedPane tabbedPane = new JTabbedPane();
        JPanel panel;
        for(int i=1;i<=10;i++) {
            panel = new JPanel();
            panel.add(new JLabel("第"+i+"个选项卡"));
            tabbedPane.addTab("标签"+i,null,panel,null);
        }
        container.add(tabbedPane);
        frame.setVisible(true);
    }
}
```

（2）运行结果

运行结果如图 10-10 所示。

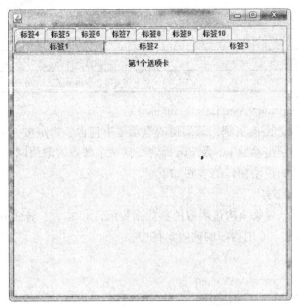

图 10-10　JTabbedPane 运行结果

10.2.10　JScrollPane

滚动窗格组件是一个可以容纳其他组件的矩形区域，在必要的时候提供水平或垂直的滚动条。Swing 中的滚动窗格由 JScrollPane 类实现，JScrollPane 扩展了 JComponent 类。滚动面板（JScrollPane）与 JPanel 面板类似，主要用于各种组件在窗口上的布置和安排。与 JPanel 不同的是，JScrollPane 是一个能够自己产生滚动条的容器，当其上所包含的组件大小超出 JScrollPane 面板的显示区时，会自动产生垂直滚动条或水平滚动条。用户可以通过拖动滚动条中的滑块，使组件滚动，从而看到当前超出 JScrollPane 显示区范围之外的内容。

JScrollPane 面板只能容纳一个组件，如果要在其中放置多个组件，则需要先将组件放置 JPanel 面板上，再将 JPanel 面板放到 JScrollPane 面板上。

JScrollPane 面板的构造方法如下：

（1）JScrollPane()

创建一个空的（无显示区的）JScrollPane 面板实例，在必要时可以显示水平滚动条和垂直滚动条。

（2）Jscrollpane(Component comp)

创建一个 Jscrollpane 面板实例，该实例的显示区中包含了指定组件 com，只要组件的内容超过 Jscrollpane 面板的显示区，就会显示水平和垂直滚动条。

（3）Jscrollpane(int vsb,int hsb)

创建一个空的（无显示区的）JScrouPane 面板实例，何时出现垂直滚动条和水平滚动条，分别由参数 vsb 及 hsb 确定。这两个参数的取值在 javax.swing.JscrollpaneConstants 接口中定义。这些常量的例子如表 10-3 所示。

表 10-3　ScrollPaneConstants 常量

常　　量	描　　述
HORIZONTAL_SCROLLBAR_ALWAYS	总是提供水平滚动条
HORIZONTAL_SCROLLBAR_AS_NEEDED	在需要时，提供水平滚动条
VERTICAL_SCROLLBAR_ALWAYS	总是提供垂直滚动条
VERTICAL_SCROLLBAR_AS_NEEDED	在需要时，提供垂直滚动条

（4）ScrollPane(Component com, int vsb, int hsb)

创建一个 JScrollPane 面板实例，该实例的显示区中包含了指定组件 com，何时出现垂直滚动条和水平滚动条，分别由参数 vsb 及 hsb 确定。这两个参数的取值同前。

在小应用程序中增加滚动窗口的步骤如下：

① 创建 JComponent 对象。

② 创建 JScrollPane 对象（构造函数的参数指定组件和水平、垂直滚动条的策略）。

③ 将滚动窗格加入小应用程序的内容窗格中。

简单示例如下：

（1）示例代码

```
import java.awt.BorderLayout;
import java.awt.Container;
import javax.swing.JFrame;
import javax.swing.JScrollPane;
import javax.swing.JTextArea;
public class JScrollPaneTest {
    public static void main(String[] args) {
        JFrame frame = new JFrame();
        frame.setBounds(0, 0, 500, 500);
        Container container = frame.getContentPane();
        container.setLayout(new BorderLayout());
        JScrollPane jScrollPane = new JScrollPane(new JTextArea());
        container.add(jScrollPane);
        frame.setVisible(true);
    }
}
```

（2）运行结果

运行结果如图 10-11 所示。

图 10-11　JScrollPane 运行结果

10.2.11　JTree

树对象提供了用树型结构分层显示数据的视图。用户可以扩展或收缩视图中的单个子树。树由 Swing 中的 JTree 类实现，JTree 是 JComponent 的子类。

JTree 类的构造函数如下：

（1）JTree(Hashtable ht)

创建一个树，散列表 ht 中的每个元素是树的一个子结点。

（2）JTree(Object obj[])

对象数组 obj 中的每一个元素都是树的子结点。

（3）JTree(TreeNode tn)

树结点 tn 是树的根结点。

（4）JTree(Vector v)

向量 v 中的元素是树的子结点。

当结点扩展或收缩时，JTree 对象生成事件。addTreeExpansionListener()和 removeTreeExpansionListener()方法注册或注销监听这些通知的监听器。其使用方法如下：

```
void addTreeExpansionListener(TreeExpansionListener tel)
void removeTreeExpansionListener(TreeExpansionListener tel)
```

其中，tel 是监听器对象。

getPathForLocation( )方法将鼠标点击点转换为树的路径，其使用方法如下：

```
TreePath getPathForLocation(int x, int y)
```

其中，x 和 y 是鼠标点击的坐标。返回值是一个 TreePath 对象，TreePath 对象封装了用户选择的树结点的信息。

TreePath 类封装树中特定结点的路径信息。这个类提供了几个构造函数和方法。其中，toString()方法返回一个等价于树路径的字符串。

TreeNode 接口定义了获取树结点信息的方法。例如，它能够得到关于父结点的引用，或者一个子结点的枚举。MutableTreeNode 接口扩展了 TreeNode 接口。它定义了插入和删除子结点或者改变父结点的方法。

DefaultMutableTreeNode 类实现了 MutableTreeNode 接口。它代表树中的一个结点。其构造函数如下：

```
DefaultMutableTreeNode(Object obj)
```

其中，obj 是包括在树结点中的对象。新的结点既没有父结点也没有子结点。

要创建树结点的层次结构，需使用 DefaultMutableTreeNode 的 add()方法。其使用方式如下：

```
void add(MutableTreeNode child)
```

其中，child 是一个可变的树结点，被当作当前结点的子结点插入。

树的扩展事件由 javax.swing.event 包中的 TreeExpansionEvent 类描述。这个类的 getPath( )方法返回一个 TreePath 对象，TreePath 对象描述了改变结点的路径。其使用方式如下：

```
TreePath getPath()
```

TreeExpansionListener 接口提供下列的两个方法：

```
void treeCollapsed(TreeExpansionEvent tee)
void treeExpanded(TreeExpansionEvent tee)
```

其中，tee 是树的扩展事件。当一个子树隐藏时，调用第一个方法。当一个子树变为可见时，调用第二个方法。

在小应用程序中使用树组件时的步骤如下：

① 创建一个 JTree 对象。

② 创建一个 JScrollPane 对象（构造函数的参数指定树和水平和垂直滚动条的策略）。

③ 将树加入滚动窗口。

④ 将滚动窗口加入小应用程序的内容面板。

10.2.12　JTable

表格（Table）组件提供了以行和列的形式显示数据的视图。可以在表格的列边界上拖动鼠标以改变列的大小，也可以将列拖放到新位置。表格由 JTable 类实现，JTable 类是 JComponent 的子类，它的一个构造函数如下：

```
JTable(Object data[][], Object colHeads[])
```

其中，data 是一个三维数组，包含要显示的信息，colHeads 是一个一维数组，其中信息是列标头。

在小应用程序中加入表格的步骤如下：

① 创建一个 JTable 对象。

② 创建一个 JScrollPane 对象（构造函数中的参数指定表格及水平和垂直滚动条的策略）。

③ 将表格加入滚动窗格。

④ 将滚动窗格加入小应用程序的内容窗格中。

10.3　Swing 事件处理

1. 事件

一个对象的状态变化称为事件，即事件描述源状态的变化。事件是可以被控件识别的操作，每一种控件有自己可以识别的事件，如窗体的加载、单击、双击等事件，编辑框（文本框）的文本改变事件，等等。

2. 事件的类型

事件可以分为两类：

① 前台事件：这些事件需要用户直接互动。例如，点击一个按钮，移动鼠标，通过键盘输入一个字符，从列表中选择一个项目，滚动页面等，都会产生前台事件。

② 后台事件：这些事件需要最终用户的交互是已知的作为背景的事件。操作系统的中断，硬件或软件故障，定时器到期时，操作完成等，都会产生后台事件。

3. 事件处理

事件处理是界面处理的基本功能，当用户点击鼠标或者按下键盘按键时，Swing 界面上获得焦点的组件都会收到一个事件通知，这个事件通知是 Swing 体系内部发出的，界面就会根据收到的事件通知，做出相应的处理，如弹出对话框或者读取用户输入。Java 使用代理事件模型来处理事件。该模型定义了标准的机制来生成和处理事件。

代理事件模型具有以下的主要参与者：

（1）源

源是一个对象，在该对象上的事件发生。它的处理器提供发生事件的信息来源是可靠的。Java 提供了源对象的类。所有的图形界面组件对象都可以成为事件源对象。动作发生在哪一个组件上，哪个组件就是一个事件源对象。

（2）监听器

监听器方法根据发送的动作来确定。假设发生一个鼠标点击的动作，那么要给事件源添加鼠标的监听器方法。假设想让事件源获取焦点，执行某一件事情，那么就要给事件源添加焦点事件监听器方法。从 Java 实现的角度来看，监听器也是一个对象。

3. 参与事件处理的步骤

（1）明确事件源。

（2）为事件源添加事件监听方法。

（3）事件处理：自定义事件处理类，实现对应的接口，实现该接口的抽象方法。

4. 监听器的注意事项

为了设计一个监听类，必须开发一些监听器接口。这些监听器接口预测一些公共的抽象监听器类必须实现的回调方法。

如果不执行任何预定义的接口，那么类不能作为源对象的监听器类。

5. 事件处理案例

（1）案例代码

```
package com.yiibai.gui;
import java.awt.*;
import java.awt.event.*;
import javax.swing.*;
public class SwingControlDemo {
  private JFrame mainFrame;
  private JLabel headerLabel;
  private JLabel statusLabel;
  private JPanel controlPanel;
  public SwingLayoutDemo(){
     prepareGUI();
  }
  public static void main(String[] args){
     SwingLayoutDemo swingLayoutDemo = new SwingLayoutDemo();
     swingLayoutDemo.showEventDemo();
  }
```

```java
    private void prepareGUI(){
        mainFrame = new JFrame("Java SWING Examples");
        mainFrame.setSize(400, 400);
        mainFrame.setLayout(new GridLayout(3, 1));
        headerLabel = new JLabel("", JLabel.CENTER );
        statusLabel = new JLabel("", JLabel.CENTER);
        statusLabel.setSize(350, 100);
        mainFrame.addWindowListener(new WindowAdapter() {
            public void windowClosing(WindowEvent windowEvent){
                System.exit(0);
            }
        });
        controlPanel = new JPanel();
        controlPanel.setLayout(new FlowLayout());
        mainFrame.add(headerLabel);
        mainFrame.add(controlPanel);
        mainFrame.add(statusLabel);
        mainFrame.setVisible(true);
    }
    private void showEventDemo(){
        headerLabel.setText("Control in action: Button");
        JButton okButton = new JButton("OK");
        JButton submitButton = new JButton("Submit");
        JButton cancelButton = new JButton("Cancel");
        okButton.setActionCommand("OK");
        submitButton.setActionCommand("Submit");
        cancelButton.setActionCommand("Cancel");
        okButton.addActionListener(new ButtonClickListener());
        submitButton.addActionListener(new ButtonClickListener());
        cancelButton.addActionListener(new ButtonClickListener());
        controlPanel.add(okButton);
        controlPanel.add(submitButton);
        controlPanel.add(cancelButton);
        mainFrame.setVisible(true);
    }
    private class ButtonClickListener implements ActionListener{
        public void actionPerformed(ActionEvent e) {
            String command = e.getActionCommand();
            if( command.equals( "OK" ))  {
                statusLabel.setText("Ok Button clicked.");
            }
            else if( command.equals( "Submit" ) )  {
                statusLabel.setText("Submit Button clicked.");
            }
            else  {
                statusLabel.setText("Cancel Button clicked.");
            }
```

```
        }
    }
}
```

（2）运行结果

运行结果如图 10-12 所示。

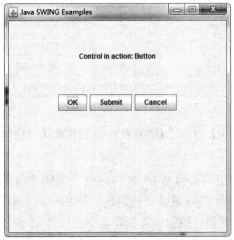

图 10-12　Swing 事件处理运行结果

 ## 10.4　Swing 事件监听器

事件监听器代表负责处理事件的接口。Java 提供了各种事件监听器类。每一个事件监听器方法具有 EventObject 类的子类的对象，并将其作为一个单独的参数。

1. EventListner 接口

EventListner 是所有事件监听器接口必须扩展的标记接口。这个类定义在 java.util 包。

2. 类声明

以下是声明 java.util.EventListener 接口：
```
public interface EventListener
```

3. Swing 事件监听器接口

表 10-4 所示是常用的事件监听器列表

表 10-4　常用的事件监听器列表

序　　号	接　　口	描　　述
1	ActionListener	该接口用于接收动作事件
2	ComponentListener	该接口用于接收组件事件
3	ItemListener	该接口用于接收项目事件

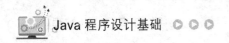
续表

序　号	接　口	描　述
4	KeyListener	该接口用于接收按键事件
5	MouseListener	该接口用于接收鼠标事件
6	WindowListener	该接口用于接收窗口事件
7	AdjustmentListener	该接口用于接收调整事件
8	ContainerListener	该接口用于接收容器事件
9	MouseMotionListener	此接口用于接收鼠标移动事件
10	FocusListener	该接口用于接收焦点事件

 # 10.5　Swing Layout 布局

当选择使用 JPanel 和顶层容器的 Content Pane 时，需要考虑布局管理。JPanel 默认是初始化一个 FlowLayout，而 Content Pane 默认是初始化一个 BorderLayout。

Java 提供了各种布局管理器，控制组件在容器中的布局。

每个 Container 对象都有一个与它相关的布局管理器。布局管理器是一个实现 LayoutManager 接口的任何类的实例。布局管理器由 setLayout()方法设定。如果没有对 setLayout()方法进行调用，那么会使用默认的布局管理器。每当一个容器被调整大小时（或第一次被形成时），布局管理器都被用来布置它里面的组件。

setLayout()方法的基本形式如下：

```
void setLayout(LayoutManager layoutObj)
```

其中，参数 layout 是所需布局管理器的一个引用。如果想禁用布局管理器从而手工布置组件，那么将 layout 赋值为 null 即可。如果这样做，将需要使用 Component 定义的方法 setBounds()来手工决定每个组件的形状和位置。一般情况下，推荐使用布局管理器。

每个布局管理器都跟踪按名字存储的组件列表。每当向一个容器加入一个组件时，布局管理器都得到通知。每当容器需要调整大小时，布局管理器就通过它的方法 minimumLayoutSize()和 preferredLayoutSize()考虑该问题。每个被布局管理器管理的组件都包含 getPreferredSize()和 getMinimumSize()方法。这些方法分别返回显示每个组件所需的预设尺寸和最小尺寸。布局管理器将尽可能地满足这些要求，同时维持布局策略的完整性。可以在子类中为控件重载这些方法，否则将使用默认值。

Java 有几种预定义的 LayoutManager 类。

10.5.1　BorderLayout

BorderLayout 是 JFrame、JDialog 和 JApplet 默认使用的布局管理器。BorderLayout 是一种简单的布局管理策略。它把容器内空间划分成 5 个区域：东、南、西、北、中，每个方位区域只能放一个组件。"北"占据容器的上方，"东"占据容器的右侧，"南"占据容器的下方，"西"占据容器的左侧，"中间区域"是东、南、西、北都填满后剩下的区域。BorderLayOut 类提供了 5 个常量属性值：EAST、WEST、SOUTH、NORTH、CENTER，分别表示东、西、南、北、中的位置。

BorderLayout 布局管理器根据组件的最佳尺寸和容器大小的约束条件来对组件进行布局。如果某个方位上无组件，则其他方位上的组件自动进行缩放占有其位置。NORTH 和 SOUTH 组件可在水平方向进行伸展；EAST 和 WEST 组件可在垂直方向进行伸展；CENTER 组件可在水平和垂直两个方向上伸展，来填充整个剩余空间。

```
java.lang.Object
    --java.awt.BorderLayout
```

将版面划分成东、西、南、北、中 5 个区域，将添加的组件按指定位置放置。

```
BorderLayout.EAST
BorderLayout.WEST
BorderLayout.SOUTH
BorderLayout.NORTH
BorderLayout.CENTER
```

构造函数：

（1）BorderLayout()

建立组件间无间距的 BorderLayout.

（2）BorderLayout(int hgap, int vgap)

建立组件间水平间距为 hgap，垂直间距为 vgap 的 BorderLayou。

简单示例如下：

（1）示例代码

```
import java.awt.BorderLayout;
import java.awt.Container;
import javax.swing.JButton;
import javax.swing.JFrame;
public class BorderLayoutTest {
    public static void main(String[] args) {
        JFrame frame = new JFrame();
        frame.setBounds(0, 0, 500, 500);
        Container container = frame.getContentPane();
        String []loction = {BorderLayout.EAST, BorderLayout.SOUTH, BorderLayout.
WEST, BorderLayout.NORTH, BorderLayout.CENTER};
        for(int i=0;i<5;i++) {
            JButton btn = new JButton();
            btn.setText(loction[i]+" Button");
            container.add(btn, loction[i]);
        }
        frame.setVisible(true);
    }
}
```

（2）运行结果

运行结果如图 10-13 所示。

图 10–13　BorderLayout 运行结果

10.5.2　FlowLayout

FlowLayout 是 Jpanel 默认的布局管理器。FlowLayout 是最简单的一种流式布局管理器。它将组件按加入的顺序，自左向右、自上而下地放置在容器中，并允许设置组件的纵横间隔和水平对齐方式。

```
java.lang.Object
    --java.awt.FlowLayout
```

组件按从左到右而后从上到下的顺序依次排列，一行不能放完则折到下一行继续排列，默认情况下所有的组件都是居中对齐。在组件不多时，这种布局方式非常方便，但是当容器内的 GUI 元素增多时，组件会显得参差不齐。

构造函数：

（1）FlowLayout()

建立一个默认为居中对齐且组件彼此有 5 单位的水平与垂直间距的 FlowLayout。

（2）FlowLayout(int align)

建立一个可设置排列方式且组件彼此有 5 单位的水平与垂直间距的 FlowLayout。

（3）FlowLayout(int align，int hgap,int vgap)

建立一个可设置排列方式与组件间距的 FlowLayout。

简单示例如下：

（1）示例代码

```
import java.awt.Container;
import java.awt.FlowLayout;
import javax.swing.JButton;
import javax.swing.JFrame;
public class BorderLayoutTest {
    public static void main(String[] args) {
        JFrame frame = new JFrame();
        frame.setBounds(0, 0, 500, 500);
        Container container = frame.getContentPane();
```

```
        container.setLayout(new FlowLayout());
        for(int i=0;i<5;i++) {
            JButton btn = new JButton();
            btn.setText(i+" Button");
            container.add(btn);
        }
        frame.setVisible(true);
    }
}
```

（2）运行结果

运行结果如图 10-14 所示。

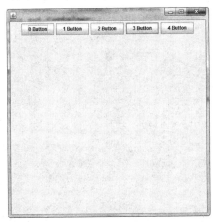

（a）一行能够放下的情况

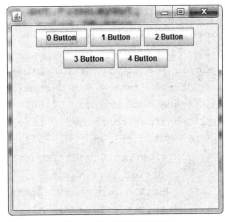

（b）一行不能放下的情况

图 10-14　FlowLayout 运行结果

10.5.3　GridLayout

GridLayout 是网格布局管理器，它以网格形式对容器的组件进行布置。容器被分成大小相等的网格，一个网格中仅放置一个组件，构造该布局管理器时指定网格的行数和列数，添加到 GridLayout 中的组件会依序从左到右、由上至下地填充每个网格。容器中各组件占据的网格大小相同，所以 GridLayout 布局管理器强制组件根据容器的实际容量来调整它们的大小。

```
java.lang.Object
    --java.awt.GridLayout
```

矩形网格形式对容器的组件进行布置。

构造函数：

（1）GridLayout()

建立一个默认为一行一列的 GridLayout，所有的组件都只能添加在同一行当中，组件之间没有间距。

（2）GridLayout(int rows, int cols)

建立一个指定行（rows）和列（cols）的 GridLayout，参数 rows 和 cols 分别指定行数和列数，组件之间没有间距。参数 rows 和 cols 中的一个可以为零（但不能两者同时为零），这表示可以将任何数目的组件置于行或列中。当行数和列数都设置为非零值时，指定的列数将被忽略。列数通过指定的行数和布局中的组件总数来确定。例如，如果指定了 3 行和 2 列，在布局中添加了 9 个组件，则它们将显示为 3 行 3 列。仅当将行数设置为零时，指定列数才对布局有效。

（3）GridLayout(int rows, int cols, int hgap, int vgap)

创建一个具有指定行和列的网格布局管理器，参数 rows 和 cols 的含义和特点同上，参数 hgap 和 vgap 指定了组件的间距。参数 hgap 代表左右两个组件之间的水平间距，参数 vgap 代表上下两个组件之间的垂直间距。

简单示例如下：

（1）示例代码

```java
import java.awt.Container;
import java.awt.GridLayout;
import javax.swing.JButton;
import javax.swing.JFrame;
public class GridLayoutTest {
    public static void main(String[] args) {
        JFrame frame = new JFrame();
        frame.setBounds(0, 0, 500, 500);
        Container container = frame.getContentPane();
        GridLayout layout = new GridLayout(3, 3);
        container.setLayout(layout);
            for(int i=1;i<10;i++) {
            JButton btn = new JButton();
            btn.setText(i+"");
            container.add(btn);
        }
        frame.setVisible(true);
    }
}
```

（2）运行结果

运行结果如图 10-15 所示。

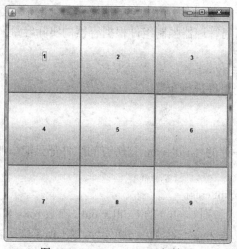

图 10-15　GridLayout 运行结果

10.5.4　GridBagLayout

GridBagLayout 类似于 GridLayout 的布局管理器，也是将容器分成若干行与列组成的网格单元，但行和列的大小可以不同，且每个组件可占用一个或多个单元网格（称为组件的显示区域），组件加入容器的顺序可任意。网络袋布局也称网格包布局或网格组布局，它与网格布局相似，不同之处在于网络布局允许使用不同大小和不同位置单元格来放置组件，是使用最复杂、功能最强大的一种布局管理器。

在网格布局中，每个单元格大小相同，并且强制组件与单元格大小也相同，因而容器中的每个组件都有相同的大小，有时会显得很不自然；而且，网格布局中的组件加入容器必须按照固定的行列顺序进行，不灵活。在网络袋布局中，可以为每个组件指定其占用的单元格数量，从而使得界面上可以出现大小不同的组件。另外，还可以按任意的顺序将组件加入容器的任何位置，能够做到真正自由地安排容器中每个组件的大小和位置。

每个由 GridBagLayout 布局的组件都与一个 GridBagConstratints 对象相关联。该对象指定了如何将组件放置到 GridBagLayout 布局的容器中，又称约束对象。

```
java.lang.Object
        --java.awt.GridBagLayout
```

GridBagLayout 以表格形式布置容器内的组件，将每个组件放置在每个单元格内，而一个单元格可以跨越多个单元格合并成一个单元格，即多个单元格可以组合成一个单元格，从而实现组件的自由布局。

构造函数：

```
GridBagLayout()
```

建立一个默认的 GridBagLayout。

每一个单元格都有各自的属性，而这些属性由 GridBagConstrainsts 类的成员变量定义，且 GridBagConstriaints 中的所有成员变量都是 public 的。

```
GridBagConstratints
java.lang.Object
    --java.awt.GridBagConstratints
```

构造函数：

```
GridBagConstraints()
```

建立一个默认的 GridBagConstraints。

```
GridBagConstraints(intgridx,int  gridy,int  gridwidth,int  gridheight,double
weightx,double weighty, int anchor, int fill, Insets insets, int ipadx,int ipady)
```

建立一个指定其参数值的 GridBagConstraints。

GridBagConstraints 的成员变量：

int gridx

int gridy

int gridwidth

int gridheight

double weightx

double weighty

int anchor

int fill

Insets insets

int ipadx

int ipady

gridx, gridy：设置组件所处行与列的起始坐标。例如，gridx=0，gridy=0 表示将组件放置在 0 行 0 列单元格内。

gridwidth, gridheight：设置组件横向与纵向的单元格跨越个数。

可以通过 GridBagConstraints 的 RELETIVE 和 REMAINDER 来进行指定，它的用法是：

当把 gridx 值设置为 GridBagConstriants.RELETIVE 时，所添加的组件将被放置在前一个组件的右侧。同理，将 gridy 值设置为 GridBagConstraints.RELETIVE 时，所添加的组件将被放置在前一个组件的下方（根据前一个组件而决定当前组件的相对放置方式）。

对 gridweight 和 gridheight 也可以应用 GridBagConstraints 的 REMAINDER 方式，创建的组件会从创建的起点位置开始一直延伸到容器所能允许的界限为止。该功能使得可以创建跨越某些行或列的组件，从而改变相应方向上组件的数目，即使其后在布局的其他地方添加额外的组件也是如此。

weightx, weighty：设置窗口变大时的缩放比例。

anchor：设置组件在单元格中的对齐方式。由以下常量来定义：

GridBagConstraints.CENTER

GridBagConstraints.EAST

GridBagConstraints.WEST

GridBagConstraints.SOUTH

GridBagConstraints.NORTH

GridBagConstraints.SOUTHEAST

GrisBagConstraints.SOUTHWEST

GridBagConstraints.NORTHEAST

GridBagConstraints.NORTHWEST

fill：当某个组件未能填满单元格时，可由此属性设置横向、纵向或双向填满。由以下常量来定义：

GridBagConstraints.NONE

GridBagConstraints.HORIZONTAL

GridBagConstraints.VERTICAL

GridBagConstraints.BOTH

insets：设置单元格的间距。

```
java.lang.Object
    --java.awt.Insets
Insets(int top, int left, int bottom, int right)
```

ipadx, ipady：将单元格内的组件的最小尺寸横向或纵向扩大。若一个组件的尺寸为 30×10 像素，ipadx=2，ipady=3，则单元格内的组件最小尺寸为 34×16 像素.

简单示例如下：

（1）示例代码

```java
import java.awt.GridBagConstraints;
import java.awt.GridBagLayout;
import javax.swing.JButton;
import javax.swing.JFrame;
public class GridBagLayoutTest {
    public static void main(String[] args) {
        JFrame frame = new JFrame();
        frame.setBounds(0, 0, 500, 500);
        GridBagLayout gridbag=new GridBagLayout() ;
        GridBagConstraints c=new GridBagConstraints();

        frame.setLayout(gridbag);
        c. fill=GridBagConstraints.BOTH;
        c. gridheight= 2;
        c.gridwidth= 1;
        c.weightx= 0.0;
        c.weighty=0.0;
        c.anchor = GridBagConstraints.SOUTHWEST;
            JButton jButton1 = new JButton("Button 1");
        gridbag.setConstraints(jButton1, c);
            frame.add(jButton1);

        c. fill=GridBagConstraints.NONE;
        c. gridheight = 1;
        c.gridwidth = GridBagConstraints.REMAINDER;
        c.weightx = 1.0;
        c.weighty=0.5;
        JButton jButton2 = new JButton("Button 2");
        gridbag.setConstraints(jButton2, c);
        frame.add(jButton2);

        c.fill=GridBagConstraints.BOTH;
        c.gridheight= 1;
        c.gridwidth= 1;
        c.weightx= 0.0;
        c.weighty=0.2;
        JButton jButton3 = new JButton("Button 3");
        gridbag.setConstraints(jButton3, c);
        frame.add(jButton3);

        c.fill=GridBagConstraints.BOTH;
        c.gridheight= 2;
        c.gridwidth= 2;
        c.weightx= 0.0;
```

```
        c.weighty=0.2;
        JButton jButton4 = new JButton("Button 4");
        gridbag.setConstraints(jButton4, c);
        frame.add(jButton4);

        frame.setVisible(true);
    }
}
```

（2）运行结果

运行结果如图 10-16 所示。

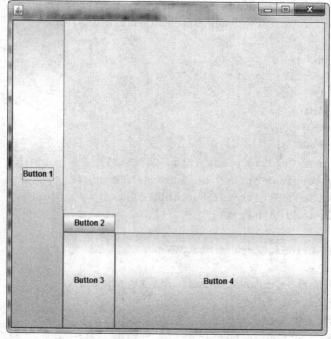

图 10-16　GridBagLayout 运行结果

10.5.5　CardLayout

CardLayout 是 JTabbedPane 容器默认的布局管理器。它在布局容器内的组件时，将容器中每个组件看作一张卡片，而容器充当卡片的堆栈。在某一时间，容器只能从这些组件中选择一个来显示，就像一副扑克牌每次只能显示最上面的一张一样。可以向前翻阅组件，也可以向后翻阅组件。

```
java.lang.Object
    --java.awt.CardLayout
```

以层叠的方式布置组件，如同很多张卡片叠在一起，从而只能看到最上面的那一张卡片。

构造函数：

（1）CardLayout()

建立一个无间距的 CardLayout。

（2）CardLayout(int hgap，int vgap)

建立一个水平间距为 hgap、垂直间距为 vgap 的 CardLayout。

10.5.6　BoxLayout

BoxLayout 布局管理器是按照自上而下（垂直）或自左到右（水平）布置容器中所包含的组件，即使用 BoxLayout 布局的容器将组件排列在一行或排列在一列。在建立 BoxLayout 布局管理器时，需要指定添加到容器中组件是按照水平排列还是垂直排列。默认情况下，组件按照垂直排列，即自上而下居中对齐。

javax. swing 包中的 Box 类是使用 BoxLayout 作为默认布局管理器的轻量级容器，并提供静态方法来创建带有水平或垂直方向 BoxLayout 的 Box 对象。在实际应用中，一般情况下都是通过使用 Box 容器来使用 BoxLayout 布局管理器 。

```
java.lang.Object
    --javax.swing.BoxLayout
```

以嵌套式盒子来管里容器的布局，通过将组件放入水平或垂直形盒子以多层嵌套的方式进行布局。

构造函数：

```
BoxLayout(Container target,int axis)
```

建立一个水平或垂直的 BoxLayout，提供两个常量 X_AXIS 和 Y_AXIS 分别表示水平或垂直排列。

Box Container 默认的 Layout 为 BoxLayout，而它只能使用这个 Layout，否则编译时会有错误产生。

```
java.lang.Object
    --javax.swing.Box
```

Box 有水平的和垂直的两种形式。

构造函数：

```
Box(int axis)
```

建立一个 Box Container（容器），并指定组件的排列方式，通过使用 BoxLayout 提供的两个常量 X_AXIS 和 Y_AXIS 来指定。

简单示例如下：

（1）示例代码。

```
import java.awt.Container;
import javax.swing.BoxLayout;
import javax.swing.JButton;
import javax.swing.JFrame;
public class BoxLayoutTest {
    public static void main(String[] args) {
        JFrame frame = new JFrame();
        frame.setBounds(0, 0, 500, 500);
        Container container = frame.getContentPane();
        BoxLayout layout = new BoxLayout(container, BoxLayout.X_AXIS);
        container.setLayout(layout);
        for(int i=1;i<10;i++) {
```

```
        JButton btn = new JButton("")+i);
        btn.setAlignmentX(i);
        container.add(btn);
    }
    frame.setVisible(true);
    }
}
```

（2）运行结果

运行结果如图 10-17 所示。

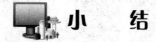

图 10-17　BoxLayout 运行结果

小　　结

Swing 是 Java 基础类库（Java Foundation Class，JFC）的一部分。Swing 没有完全替代 AWT，而是基于 AWT 架构之上。Swing 是指"被绘制的"用户界面类；AWT 是指事件处理这样的窗口工具箱的底层机制。

Swing 的特点：

① Swing 拥有一个丰富、便捷的用户界面元素集合。

② Swing 对底层平台依赖的很少，因此与平台相关的 bug 少。

③ Swing 给予不同平台的用户一致的感觉。

GUI（Graphical User Interface，图形用户接口）用图形的方式来显示计算机的操作的界面，这样更方便直观。

GLI（Command Line User Interface，命令行用户接口）常见的是 DOS 命令行操作，要记忆

命令，操作不直观。

　　Java 为 GUI 提供的对象都位于 java.awt 和 javax.Swing 两个包中。

　　① java.awt（Abstract Window ToolKit，抽象窗口工具包）需要调用本地系统方法实现功能（依赖平台，跨平台性不是很好），属重量级控件，提供了一些窗口中使用的组件。

　　② javax.Swing 在 AWT 的基础上，建立的一套图形界面系统，提供了更多的组件，而且完全由 Java 实现。增强了移植性，属轻量级控件。用其开发的组件、图形化界面在任何系统下显示都相同。

　　AWT 中的对象有：

　　① Component 类：是一个具有图形表示能力的对象，可在屏幕上显示，并可与用户进行交互。典型图形用户界面中的按钮、复选框和滚动条都是组件示例。

　　② Container 类：可以包含其他 AWT 组件的组件。

习　题

一、选择题

1. 窗口 JFrame 使用（　　）方法可以将 jMenuBar 对象设置为主菜单。
   A．setHelpMenu(jMenuBar)　　　　　　　　B．add(jMenuBar)
   C．setJMenuBar(jMenuBar)　　　　　　　　D．setMenu(jMenuBar)

2. 下面属于容器类的是（　　）。
   A．Color 类　　　　　　　　　　　　　　　B．JMenu 类
   C．JFrame 类　　　　　　　　　　　　　　　D．JTextField 类

3. 使用（　　）类创建菜单对象。
   A．Dimension　　　　B．JMemu　　　　　　C．JMenuItem　　　　D．JTextArea

4. 使用（　　）方法创建菜单中的分隔条。
   A．setEditable()　　　　　　　　　　　　B．ChangeListener()
   C．add()　　　　　　　　　　　　　　　　D．addSeparator()

5. JPanel 和 JApplet 的默认布局管理器是（　　）。
   A．CardLayout　　　　B．FlowLayout　　　　C．BorderLayout　　　D．GridLayout

6. JFrame 的默认布局管理器是（　　）。
   A．CardLayout　　　　B．FlowLayout　　　　C．BorderLayout　　　D．GridLayout

7. 按钮可以产生 ActionEvent 事件，实现（　　）接口可以处理此事件。
   A．FocusListener　　　　　　　　　　　　B．ComponentListener
   C．ActionListener　　　　　　　　　　　　D．WindowListener

8. 容器使用（　　）方法将组件添加到容器。
   A．addComponent()　　B．add()　　　　　　C．setComponent()　　D．Add()

9. 向 JTextArea 的（　　）方法传递 false 参数可以防止用户修改文本。
   A．setEditable　　　　B．changeListener　　C．add　　　　　　　D．addSeparator

10. 为了能够通过选择输入学生性别，使用组件的最佳选择是（　　）。

    A. JCheckBox　　　　B. JRadioButton　　　　C. JComboBox　　　　D. JList

11. 当选中一个复选框，即在前面的方框上打上对钩时，引发的事件是（　　）。

    A. ActionEvent　　　　B. ItemEvent　　　　C. SelectEvent　　　　D. ChangeEvent

12. 窗口关闭时会触发的事件是（　　）。

    A. ContainerEvent　　B. ItemEvent　　　　C. WindowEvent　　　　D. MouseEvent

13. 下面（　　）对话框可以接收用户输入。

    A. showConfirmDialog　　　　　　　　　　B. showInputDialog

    C. showMessageDialog　　　　　　　　　　D. showOptionDialog

14. addActionListener(this)方法中的 this 参数表示的意思是（　　）。

    A. 当有事件发生时，应该使用 this 监听器

    B. this 对象类会处理此事件

    C. this 事件优先于其他事件

    D. 只是一种形式

15. 以下类中，具有绘图能力的类是（　　）。

    A. Image　　　　B. Graphics　　　　C. Font　　　　D. Color

16. Graphics 类中提供的绘图方法分为两类：一类是绘制图形，另一类是绘制（　　）。

    A. 屏幕　　　　B. 文本　　　　C. 颜色　　　　D. 图像

17. 以下不属于文字字形要素的是（　　）。

    A. 颜色　　　　B. 字体　　　　C. 风格　　　　D. 字号

18. Java 代码 g.drawLine(100,100,100,100)的功能是（　　）。

    A. 画一个圆　　　　　　　　　　B. 画一条线段

    C. 画一个点　　　　　　　　　　D. 代码是错误的

19. 能处理鼠标拖动和移动两种事件的接口是（　　）。

    A. ActionListener　　　　　　　　B. ItemListener

    C. MouseListener　　　　　　　　D. MouseMotionListener

20. Java 的图像处理功能所在的类是（　　）。

    A. Picture　　　　B. Image　　　　C. picture　　　　D. image

21. 当启动 Applet 程序时，首先调用的方法是（　　）。

    A. stop()　　　　B. init()　　　　C. start()　　　　D. destroy()

22. 在 Java 程序中定义一个类，类中有一个没有访问权限修饰的方法，则此方法（　　）。

    A. 类外的任何方法都能访问它　　　　B. 类外的任何方法都不能访问它

    C. 类的子类和同包类能访问它　　　　D. 只有类和同包类才能访问它

23. 在 Java 中，有关菜单的叙述错误的是（　　）。

    A. 下拉式菜单通过出现在菜单条上的名字来可视化表示

    B. 菜单条通常出现在 JFrame 的顶部

    C. 菜单中的菜单项不能再是一个菜单

    D. 每个菜单可以有许多菜单项

24. 在 Java Applet 程序中，如果要对发生的事件做出响应和处理，那么应该使用的语句是（　　）。

    A. import java.awt.*;
            B. import java.applet.*;

    C. import java.awt.event.*;
        D. import java.io.*;

二、填空题

1. AWT 的组件库被更稳定、通用、灵活的库取代，该库称为_____。

2. _____用于安排容器上的 GUI 组件。

3. 设置容器的布局管理器的方法是_____。

4. 当释放鼠标按键时，将产生_____事件。

5. Java 为那些声明了多个方法的 Listener 接口提供了一个对应的_____，在该类中实现了对应接口的所有方法。

6. ActionEvent 事件的监听器接口是_____，注册该时间监听器的方法名是_____，事件处理方法名是_____。

7. 图形用户界面通过_____响应用户和程序的交互，产生事件的组件称为_____。

8. Java 的 Swing 包中定义菜单的类是_____。

9. 向容器内添加组件使用_____方法。

10. 对话框有两种类型，分别是_____和_____。

11. 工具栏一般放在窗口的_____位置。

12. 若要使表格具有滚动条，需要将表格添加到_____组件中。

13. paint()方法的参数是_____类的实例。

14. drawRect(int x1,int y1,int x2,int y2)中，x2 和 y2 分别代表矩形的_____和_____。

参 考 文 献

[1] 张利锋，孙丽，杨晓玲，等. Java 语言与面向对象程序设计[M]. 北京：清华大学出版社，2015.

[2] 杨丽娜，魏永红，等. Java 语言程序设计[M]. 西安：西安交通大学出版社，2010.

[3] 邹蓉，等. Java 面向对象程序设计[M]. 北京：机械工业出版社，2014.

[4] 迟立颖，张银霞，张桂香，等. Java 程序设计[M]. 北京：北京航空航天大学出版社，2011.

[5] 吴仁群. Java 基础教程. 北京：清华大学出版社[M]，2012.

[6] 李广建. Java 程序设计基础与应用[M]. 北京：北京大学出版社，2012.

[7] 张伟. Java 程序设计详解[M]. 南京：东南大学出版社，2014.

[8] 孙卫琴. Java 面向对象编程[M]. 北京：电子工业出版社，2006.